地理大千世界丛书

宇宙星神

yuzhou xingshen

策划 刘宝骏 建华

主编 王雪琳 廖琰洁

邓春波参加编写

百花洲文艺出版社

BAIHUAZHOU LITERATURE AND ART PRESS

编写说明

　　本着激发地理求知兴趣、开拓地理视野、服务中学地理教学的宗旨，本套丛书从宇宙、大气、海洋、地表形态等方面对地理知识进行了多角度的阐述。丛书力求突出如下特色：内容生动活泼，选材主要来自日常生活、社会焦点和科学技术前沿；栏目新颖丰富，设置了智慧导航、小风铃探究、眼镜爷爷来揭秘、智慧卡片等栏目；结构清晰严谨，每册丛书有一个主要课题，每个章节都对这个课题进行了诠释。

　　本套丛书对丰富学生地理知识、培养地理学习兴趣、树立正确的地理情感和观念有着积极的作用。它是中学地理教材的重要补充，是学生获得更多地理知识的重要来源。本套丛书注重知识的探究、发现、感悟和建构，对学生思维能力、分析操作能力的培养也是大有裨益的。

　　全套丛书共十册，由叶滢主编，其中《宇宙星神》由王雪琳、廖琰洁主编，邓春波参加编写；《风云变幻》由徐强、兰常德主编，汪冬秀、肖强参加编写；《走进海洋》由刘林、肖强主编；《华夏览胜》由邓春波、彭友斌主编，廖琰洁参加编写；《世界漫游》由文沫、赖童玲主编，邱玉玲参加编写；《鬼斧神工》由汪冬秀、刘小文主编；《人地共生》由刘煜、徐小兰主编；《自然灾害》由胡祖芬、谢丽华主编；《学以致用》由谭礼、罗奕奕主编；《千奇百怪》由杨晓奇、邱玉玲主编。全套丛书由叶滢负责统稿定稿，廖琰洁、邱玉玲、徐小兰、肖强也参加了统稿工作。

在本书的编写过程中参考和引用了一些学者、教师的研究成果及相关资料，限于篇幅不能一一列举，在此一并表示诚挚的感谢！

这套丛书的出版，希望能得到广大中学生读者的喜爱。地理知识是博大精深的，也是不断与时俱进的。限于我们的水平和时间，这套丛书中难免会有不尽如人意之处。我们诚恳地希望大家提出宝贵意见，以便日后修改，不断完善。

丛书编写组
2012年7月

目录

第一章　浩瀚宇宙

宇宙是什么？

是我们所能仰望的天空么？

其实宇宙的实际存在是远远超出我们所见的。

宇宙学家用仪器延伸了我们的视线，请和我一起漫步于你所了解或依旧陌生的浩瀚宇宙。

一、宇宙的年龄

宇宙年龄有多大？专家称有130~140亿年。

一个由法国、荷兰、德国和美国科学家组成的研究小组宣布，发现了一个远在135亿光年外的正在形成的星系团，这是迄今人类发现的最远的星系团。根据大爆炸学说，物质的聚集应该形成于宇宙大爆炸后产生的气体中。这些物质聚集后形成星体，然后又组成星系。根据这一发现推测，宇宙的年龄不会低于135亿年，但也不会超出这一数字太多，因为这一星系团是宇宙诞生初期的产物。

我们可以把宇宙的历史划分为几个时期：

孕育时期

很久很久以前，我们的宇宙还是一个质量非常大但体积非常小的点。突然，这个点爆炸了，这时的温度高达100亿℃以上。宇宙瞬间充满了大量炫目的、炽热的电子和氢离子以及氦离子。

初生时期

在大爆炸后，宇宙不断膨胀，数万年后，温度急剧下降，宇宙体积扩大了很多倍。这个时期，整个宇宙沉浸在蓝色的背景辐射之中，这就是宇宙的辐射时代。

成长时期

随着宇宙的迅速膨胀，其温度也逐渐降低，这些基本粒子就形成了各种元素，这些物质微粒相互吸引、融合，形成越来越大的团块；这些团块又逐渐演化成星系、恒星、行星，在个别的天体上还出现了生命现象，能够认识宇宙的人类最终诞生了。

二、膨胀的宇宙

天圆地方

我国传统文化中的太极八卦图

如同五行，世间万物皆可分类归至八卦之中，象征世界的变化与循环，分类方法象征天、地、雷、风、水、火、山、泽八种性质。

"天圆地方"的含义：苍天如圆盖，大地似棋局。

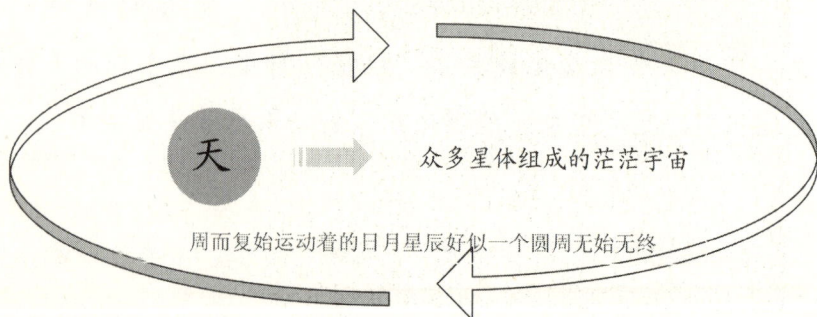

天　➡　众多星体组成的茫茫宇宙

周而复始运动着的日月星辰好似一个圆周无始无终

地 ➡ 我们赖以生存并立足的土地

静静承载着我们，如方形物体稳定静止

古埃及人的宇宙观

古埃及人有几种关于天地的"创世神话"，但不论哪一种都认为最初的原始世界是由混沌的水构成的。

宇宙是天神的结合体

在古埃及木乃伊的棺木上，绘画着埃及人对天地的看法：大地是身披植物的斜卧男神西布的身躯，天穹则是曲

身拱腰、姿态优美的女神吕蒂。最初，吕蒂和西布是相互联结在一起、静止于原始水中的。在创世之日，

一个新的大气之神舒从原始水中出现，并用双手把天盖之神吕蒂承托在上，而吕蒂也就双手伸开、叉开双腿支撑自己，成为天宇的四根柱子。西布的身体成为大地之后，立即被绿色的植物覆盖了，在这之后，动物和人也诞生了。太阳神原来藏在原始水中莲蓬的花蕾里，天地分开之后，莲蓬的花蕾开放，太阳神腾空而起，升到天空、照耀天地，使宇宙温暖起来。

点缀着星星的方盒

埃及人的另一个创世神话，有点类似于我们中国的"天圆地方"说。认为天是一块平坦的或穹隆形的天花板，四方各有一个天柱（即山峰）支撑，星星是用铁链悬挂在天上的灯。地是一个方形盒子，南方的一端稍长，方盒的底略呈凹形，埃及就处在这凹形的中心。在方盒的边沿上面，围绕着一条大河，尼罗河只是这条大河的一条支流。河上有一条大船载着太阳往返于东方和西方，使大地形成黑夜和白昼。

西方的"地心说"

追溯西方世界遥远的过去，从古希腊的亚里士多德开始到宗教中上帝的创世纪开始，西方社会对宇宙的阐述都是以地心说为基础的。当时的人们普遍认为地球处于宇宙的中心并且是静止不动的，日月星辰都在围绕着地球运转。

在这样的宇宙观中，人所在的位置非常独特，地球似乎是专门为人而创造的生存环境，日月星辰也似乎是专门为人而创造的。太阳用来提供光明，星月用来点缀夜空。显然，没有任何人类所能感受到的力量可以做到这一切，只有超自然力，也就是上帝才能做到。

托勒密的"地心说"模型
在模型中，包括太阳在内的各大天体都是围绕地球转动的。

在托勒密的模型中，地球处于宇宙的中心，在地球周围是八个天球，这八个天球分别包括月亮、太阳、水星、金星、火星、木星、土星；而最外层的天球被镶上固定的恒星，恒星之间的相对位置不变，但是总体绕着天空旋转。最后一层天球之外为何物一直不清楚，但有一点是肯定的，它不是人类当时所能观测到的宇宙的部分。

奇妙的大千宇宙

伽利略的大发现

伽利略生活于意大利东北的帕多瓦，在1609年，他首次将望远镜指向恒星，发现了环绕在木星周围的卫星、月亮上的丘陵、太阳黑子和金星的位置。这些发现有力地证明了金星的轨道总是围绕着太阳，而不是其自身，这大大地印证了地球的轨道。

359年之后，伽利略赢了

1633年，因为伽利略支持背叛圣经的天文学家哥白尼的理论，宗教裁判判决伽利略有罪。359年之后，天主教会终于承认当时伽利略指出地球围绕太阳转动是正确的，不应该判伽利略有罪。在一个周末，教皇接受了主教科学委员会的这一结论。为了研究这一问题，教皇早在13年前就创建了该学会。

与"地心说"对抗的日心说

16世纪，波兰天文学家哥白尼提出了撼动上帝地位的"日心说"，这种观点与"地心说"的主要区别在于它将地球与太阳的位置对调，太阳摇身一变，变成了处于宇宙中心的天体。这种观点一直被当时欧洲的宗教界和大众抗拒，一直过了一个世纪才被人们所接受。从哥白尼时代起，欧洲的人民开始摆脱教会对思想的严酷束缚，投入科学的怀抱。

然而，哥白尼的"日心说"是依然存在着缺陷的。哥白尼所指的宇宙是局限在一个小的范围内的，具体来说，他的宇宙结构就是今天我们所熟知的太阳系，即以太阳为中心的天体系统。宇宙有它的中心与边界，实际上他是相信恒星天球是宇宙的"外壳"，他仍然相信天体只能按照所谓完美的圆形轨道运动，所以哥白尼的宇宙体系，仍然包含着不动的中心天体。

哥白尼的"日心说"模型
它反映的同样是一种绝对空间宇宙观，认为宇宙是有边界的。

古代宇宙观引发的难题

如果认为宇宙是有限的，可能会难以回答一个问题：

假若宇宙真的是有限的，那它的外面是什么？

宇宙膨胀说

旧的绝对空间宇宙观被打破，宇宙是无限的

这种新的宇宙观产生于牛顿发现万有引力的时代，使围绕我们的宇宙空间的边界被打破，宇宙变成无穷无尽的了。太阳系只是浩瀚宇宙中不起眼的一粒沙，存在于拥有数以万计星体的宇宙大海中。当科技的发现把我们的视野一直带向宇宙的深处时，我们惊奇地发现，宇宙可以说是看不到边界的。

膨胀的宇宙

宇宙不断地膨胀，就好像我们吹气球时气球越鼓越大。

奇妙的大千宇宙

哈勃的发现

哈勃是20世纪美国著名天文学家，他发现离地球很远的天体的光谱都有红移现象，即不管你往哪个方向看，远处的星系急速地远离我们而去。换言之，宇宙正在不断膨胀。这意味着，在早先星体相互之间更加靠近。事实上，似乎在大约100亿至200亿年之前的某一时刻，它们刚好在同一地方，所以哈勃的发现暗示存在一个叫做大爆炸的时刻，当时宇宙无限紧密。

眼镜爷爷来揭秘

什么是红移现象？

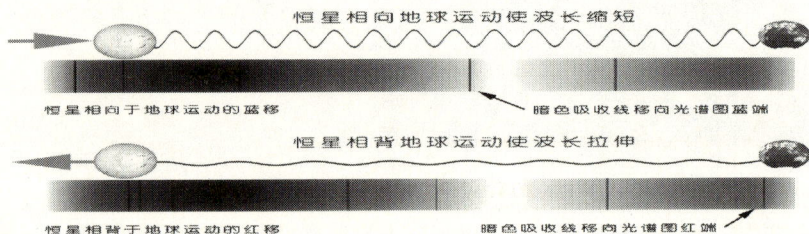

恒星相向地球运动使波长缩短

恒星相向于地球运动的蓝移　　　　暗色吸收线移向光谱图蓝端

恒星相背地球运动使波长拉伸

恒星相背于地球运动的红移　　　　暗色吸收线移向光谱图红端

恒星的蓝移与红移

光源相对观测者的运动导致红移和蓝移

　　埃德温·哈勃发现观测到的绝大多数星系的光谱线存在红移现象。这正是由于宇宙空间在膨胀，使天体发出的光波被拉长，这是宇宙膨胀说的最好佐证。

　　如果我们把膨胀的宇宙比喻为吹大的气球，你试想过宇宙的结局是否会和吹胀到极限的气球一样，最后都是"嘣"的一声而结束？到底我们的宇宙是何走向，未来可能要等你们来继续探索。

三、穿越时空真的可以么？

小风铃探究

一部风靡全国的电视剧《步步惊心》讲述了一个现代的女孩因为遭遇意外而穿越到了清朝康熙年间。穿越到底是无稽之谈还是可以实现的事？

时间旅行可以实现吗？霍金曾经问过这样一个问题："如果时间可以逆行，那么我们为什么没有遇见来自未来的人呢？"

爱因斯坦指出物体使周围空间、时间弯曲，在物体具有很大的相对质量（例如一颗恒星）时，这种弯曲可使从它旁边经过的任何其他事物，即使是光线，也改变路径。广义相对论认为当光线经过一些大质量的天体时，它的路线是弯曲的，这源于它沿着大质量物体所形成的时空曲率。

大质量的天体会使得其周围的时空发生偏曲折。

什么是虫洞?

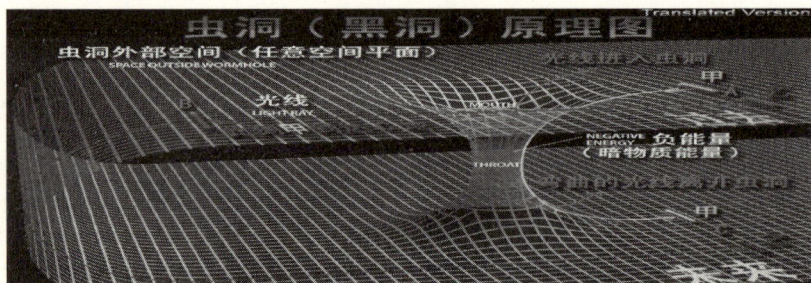

一张看似平整的地毯,如果我们把它放大很多倍,就会发现它的表面并不是看上去这么平滑无瑕,实际上布满无数个凹凸不平的洞。我们是否可以认为时空表面同样不是那么平坦,当时空弯曲时我们可能可以通过时空表面的裂隙通向未来或返回过去?这个隧道我们就把它称为"虫洞"。只有通过"虫洞",我们才能花更少的时间从一个地方到达另一个地方。有许多学者预言宇宙中的许多地方都有虫洞，它们把不同的时空连接起来。但是，迄今为止，并没有任何有力的证据证实虫洞是真实存在的。

虫洞真的可以穿越吗？

但是不要以为你真的可以通过虫洞随意来去。你需要解决几个问题。

1.你找得到虫洞的所在吗？

2.虫洞本身的问题。虫洞里存在非常强大的引力，足以撕碎任何物体。所以即使虫洞真的存在，我们也不能用它来进行时空旅行。

我们当然不会这么轻易地就放弃穿越时空这个梦想。一些科学家指出：虽然虫洞内存在巨大的引力，但它可以被含有"负能量"的物质抵消，这样我们就能够安全地通过虫洞了，不过你先得知道如何把这些"负能量"放到虫洞中去。

如果你认为我们终将掌握这些技术，一些有趣的关于时空穿梭的命题却可以把我们这个梦想轻易击碎。

奇妙的大千宇宙

外祖母悖论

如果一个人真的"返回过去"，并且在其外祖母怀他母亲之前就杀死了自己的外祖母，那么这个跨时间旅行者本人还会不会存在呢？这个问题很明显，如果没有你的外祖母就没有你的母亲，如果没有你的母亲也就没有你，如果没有你，你怎么"返回过去"，并且在外祖母怀你母亲之前就杀死自己的外祖母？

时间机器

布朗教授刚刚返回到了30年前，他正注视着还是婴儿的自己。

布朗：假定我把这婴儿杀死，那他不会长大起来而变成布朗教授！我会突然消失吗？

现在布朗教授又跑到30年后。他正在他实验室外的橡树上刻他的名字。

教授又回到离去的那个时间。几年以后，他决定砍掉他那颗橡树。他砍完以后，一下变得困窘起来。

布朗：唔……三年前，我曾漫游未来的30年后，并在这颗树上刻下了我的名字。27年以后，当我到了我过去曾经到过的地方时，将会出现什么情景呢？什么树也没有了。那我将要刻上名字的那棵树从哪儿来呢？

几 个 宇 宙

为了解开这些时间悖论，物理界提出了平等历史的说法，也叫"平等宇宙"。这一理论中，世界不是只有一个，而是有许多平行的世界存在。或者在另一个世界中，也有一个你的存在。这个时候"外祖母悖论"就有了解释，一个人可以回到过去杀死自己的外祖母，但这将导致世界进入两个不同的轨道，一条中有那个人（原先的轨道），而另一条中没有那个人。这种说法没有得到直接的证明，但是在许多影视与文学作品中都运用了这种说法。

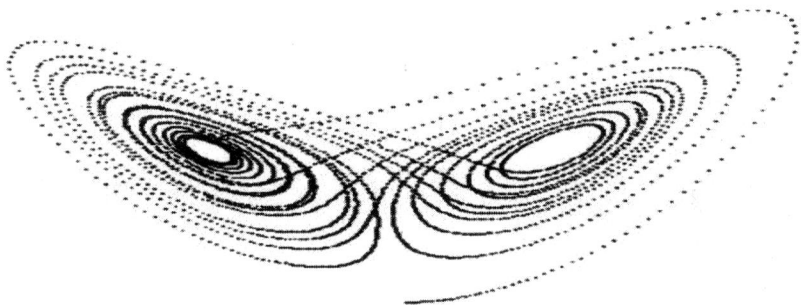

关于"平行世界"的想象图

总之，穿越时空这个议题一直在科学界不断进行讨论，凡事无绝对，也许在将来的某一日，或许是不久的将来，你可以乘着时空机来回穿梭，人们进行时空旅行的梦想也终究会实现。

四、宇宙中的物质

物质与反物质

暗物质是什么？

其实，我们时时刻刻被暗物质所包围，但是却无法感知它们，就像我们处在黑暗的房间，看不见抓不着。宇宙中的暗物质无法直接观测得到，但它却能干扰星体发出的光波或引力，其存在能被明显地感受到；同时，暗物质对天体的形成有重要的作用，在暗物质的帮助下，早期的宇宙物质开始凝聚在一起，而形成了宇宙中的各类天体。

暗物质的电脑模拟图

哈勃太空望远镜拍摄的暗物质环

对于暗物质是什么，我们虽然还不能够了解它的本质，但是科学家们也提出了他们的观点。他们认为暗物质是一种基本粒子，它们不会发生碰撞，而且存在的时间相当长，拥有自己的质量，因此可以产生万有引力。

反物质

反物质是正常物质的反状态，当正反物质相遇时，双方就会相互湮灭抵消，发生爆炸并产生巨大能量，能量释放率要远高于氢弹爆炸。

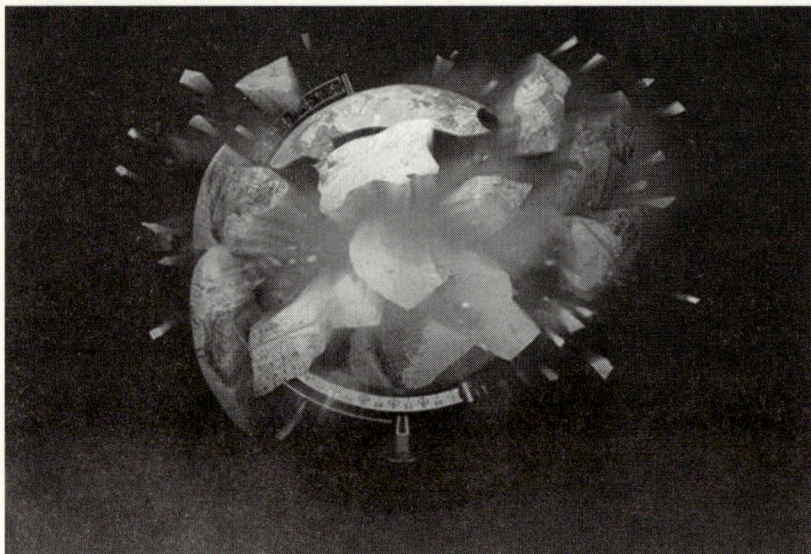

反物质遐想图

物质与反物质

宇宙中的暗能量

暗能量是一种不可见的、能推动宇宙运动的能量，宇宙中所有的恒星和行星的运动皆是由暗能量与万有引力来推动的。之所以暗能量具有如此大的力量，是因为它在宇宙的结构中约占73%，占绝对统治地位。

物质之间都存在万有引力，为什么宇宙却在膨胀长大之中？我们认为暗能量具有一种可以抵抗物质间万有引力的能力。这种力量使得宇宙间的物质相互分离。

绿色网格线代表引力，紫色网格代表暗能量

星际物质

星际物质是星体与星体之间的物质，恒星之间的物质，包括星际气体、星际尘埃和各种各样的星际云，还可包括星际磁场和宇宙线。

星际气体

星际气体包括气态的原子、分子、电子、离子等。星际气体的组成元素中主要是氢，其次是氦。恒星通常就是在星际气体中产生的，当星际气体的密度增加到一定的程度时，由于其内部引力比气体压力增长得要快，这团气体云就开始缩小。巨量的星际气体与尘埃物质萎缩得越来越迅猛，部分气体形成了较小的云团，它们的密度也分别增大了。这些较小的云团后来便各自成为一颗恒星。

星际尘埃

星际尘埃是分散在星际气体中的固态小颗粒，由硅酸盐、石墨晶粒以及水、甲烷等冰状物所组成。

星际尘埃的来源至少有下列几种：

● 小行星的碰撞
● 彗星在内太阳系的活动和碰撞
● 柯伊伯带天体的碰撞
● 行星际物质的颗粒

星际线

　　星际线是来自外太空的带电高能次原子粒子，它们可能还会穿透地球的大气层和表面。来自深太空与大气层撞击的粒子会产生初级宇宙射线，其成分在地球上一般都是稳定的粒子，比如质子、原子核、电子。但是也有非常少的比例是稳定的反物质粒子，比如正电子或反质子，这剩余的小部分是研究的活跃领域。

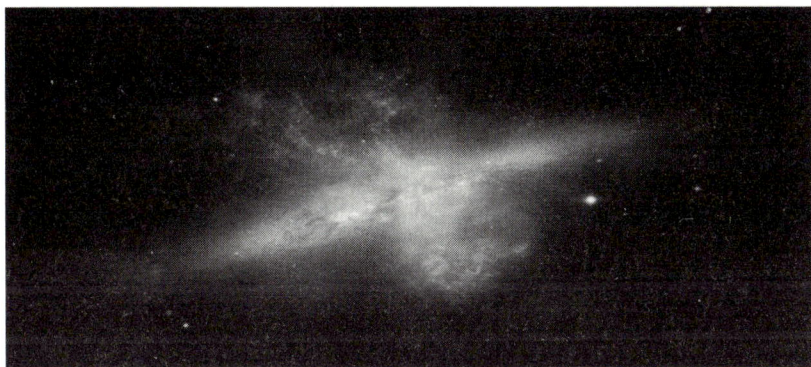

第二章　星汉灿烂，若出其里

仰望星空，繁星点点。

宇宙无边，包罗万象。

你一定和我一样，想了解在浩瀚宇宙中存在怎样的秘密。

一、星体的诞生史——星系

认识星系

恒星系或称星系，是宇宙中庞大的星星"岛屿"，它也是宇宙中最大、最美丽的天体系统之一。到目前为止，人们已在宇宙观测到了约一千亿个星系。银河系也只是一个普通的星系。

大麦哲伦云不规则星系

星系的形成

小风铃探究

为什么这么多的宇宙物质集聚在一个很小的范围内，从而形成了星系呢？对于星系的形成，不知你有怎样的看法呢？

眼镜爷爷来揭秘

关于星系形成的几种看法：

1. 由爆炸形成

按照宇宙大爆炸理论，第一代星系大概形成于大爆炸发生后的十亿年间。在宇宙诞生的最初瞬间，有一次原始能量的爆发。随着宇宙的膨胀和冷却，引力开始发挥作用，然后，幼年宇宙进入一个称为"暴涨"的短暂阶段。大爆炸发生过后十亿年，氢云和氦云开始在引力作用下集结成团。随着云团的成长，初生的星系即原始星系开始形成。

2. 在稳态宇宙中形成

稳态宇宙学认为从朴素的观点来看月亮绕地球转，地球绕太阳转，太阳绕银河的银心转，银河又在星系团中转……宇宙应该是由这样一种无限的阶梯组成的，无穷无尽。因此，原始星系是逐步稳定形成的。

星系的演化

在宇宙大尺度结构的研究中，星系只是被看做一个质点，它本身没有什么变化可言。但从星系内部看，它也有自己的演化史。

由于星系离我们十分遥远和光速的有限性，我们可以通过考察距离不同的星系来研究它们的演化历程。当我们观察距离5000万光年的室女座星系团中的星系时，它的光是5000万年前发出的。借助大型望远镜，我们可以看到处于宇宙深处的更年轻的星系。

仙女座大星云离我们200万光年，我们今天看到的实际上是它200万年前的面貌。

目前天文学家还没有搞清楚从原始气云凝结出来的星系胚胎到底是什么样子的，因为科学家在现有技术条件的支持下很难追踪第一代明亮的恒星形成及其以前的状态，它都是遥远的暗弱气体，是很难被望远镜捕捉的。

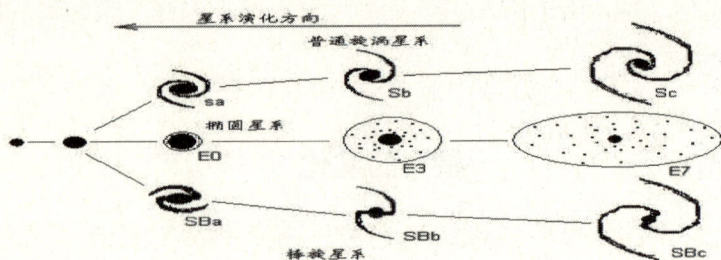

（S是螺旋星系，SB是棒旋星系，E表示椭圆星系）

当原始星系云开始收缩和冷却，一步步分裂为更小更密的碎片时，在这些碎片中最终将会诞生出第一代恒星。第一代恒星比太阳要重得多，明亮得多，寿命也短得多。在大约1000万年内便耗尽了自己的燃料，然后通过爆发的形式把自己内部合成的重元素抛回星际空间，进入第二代、第三代恒星形成和演化的循环。

星系的种类

小风铃探究

简要地了解了星系后，你也许会发现自己其实已经在电视上或图书上看见过它们了，你是否发现其实天体有它自己的形状，你能回忆出几种不同形状的天体呢？

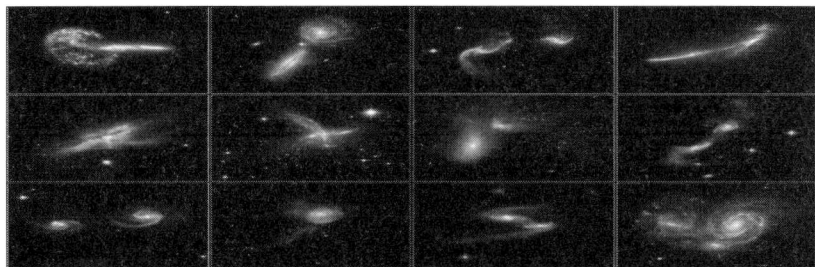

2008年美国宇航局公开了59张宇宙中相互撞击的星系的精彩图片，庆祝哈勃太空望远镜的18岁生日

椭圆星系

"椭圆星系"形如椭圆，没有或仅有少量气体和尘埃，辐射大部分来自红巨星——缺乏热的亮恒星——颜色一般偏红，没有主导的绕轴自转，像蜂群那样，成员星在各自轨道上绕中心转动，没有旋涡结构。在椭圆星系中恒星多是年老的，而较大的椭圆星系，都有以老年恒星为主的球状星团。

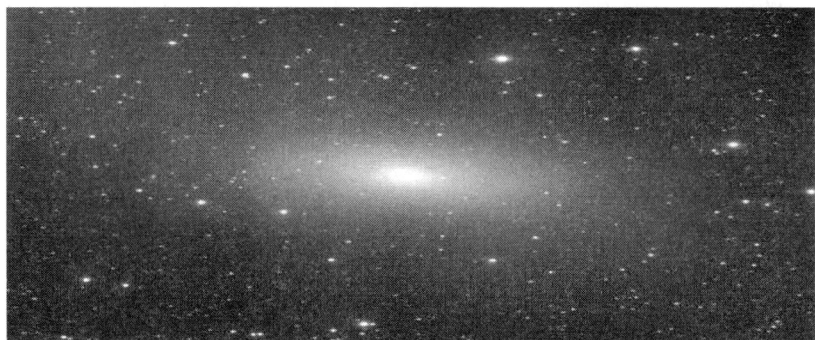

椭圆星系M110

M110（NGC205）在M31的西北面，它是一个椭圆形星系，是仙女座大星系的一个卫星，因此也是本星系群的一员，离地球约220万光年。

螺旋星系

螺旋星系是由大量气体、尘埃和又热又亮的恒星所构成的有旋臂结构的扁平状星系。它是宇宙中最为常见的一种星系，比一般星系要大些。中心区域是透镜星系的形状，周围围绕着扁平的圆盘，从隆起的星系核两端延伸出若干螺线状悬臂，叠加在星系盘上。螺旋星系可分为正常漩涡星系和棒旋星系两种。

核球是巨大的，由恒星紧紧地包裹而成

螺旋臂并不是恒星运动造成的结果，但是密度波会导致恒星形成，螺旋臂因为有年轻的恒星而显得明亮

涡状星系 猎犬座M51

涡状星系是一个典型的旋涡星系，距离地球只有3,000万光年，跨度大概有6万光年，是夜空中最明亮且最上镜头的星系之一。

　　无论在形态结构上还是在恒星成分上，旋涡星系同椭圆星系都有很大的不同。旋涡星系的旋臂里含有大量的蓝巨星、疏散星团和气体星云。

因为旋涡星系的形状很像江河中的旋涡，因而得名。这类星系在其对称面附近含有大量的弥漫物质。M101位于大熊星座，正对着地球。

大熊座M101

　　棒旋星系是旋涡星系的核心有明亮的恒星涌出聚集成短棒，并横越过星系的中心，其旋臂则看似由短棒的末端涌现至星系之中。而在普通的螺旋星系中，恒星都是由核心直接涌出的，用"SB"来表示。

NGC 1300 是波江座的一个棒旋星系，其大小超过十万光年，距离地球六千一百万光年。

波江座NGC 1300

不规则星系

　　该类星系外形不规则，没有明显的核和旋臂，没有盘状对称结构或者看不出有旋转对称性的星系。

波江座NGC 1569

奇妙的大千宇宙

和我一起来看看美丽的星系吧！

天炉座星系NGC 1316

波江座NGC 1300

碰撞的星系

吞噬的星系

二、璀璨星云

璀璨星云

星云是由星际空间的气体和尘埃结合成的云雾状天体，原本是天文学上通用的名词，泛指任何天文上的扩散天体。

密度低，形状千姿百态

星云中的物质密度非常低，如果拿地球上的标准来衡量，有些地方可能是真空的。星云的形状也更加的千姿百态，有的很规则，呈弥漫状，有的又像一个大圆盘。

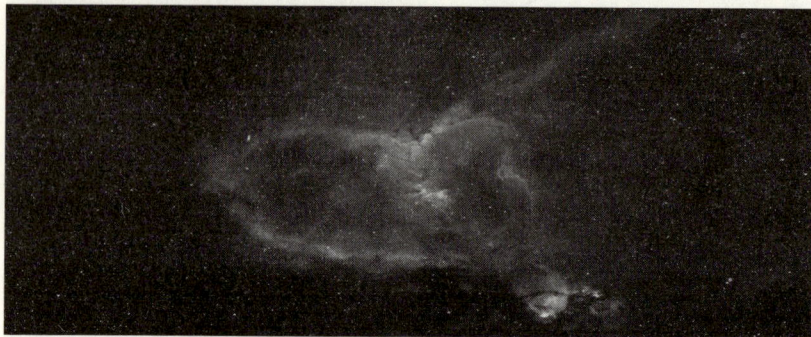

仙后座心形发射星云IC1805
麒麟座玫瑰星云

星云与恒星的亲缘关系

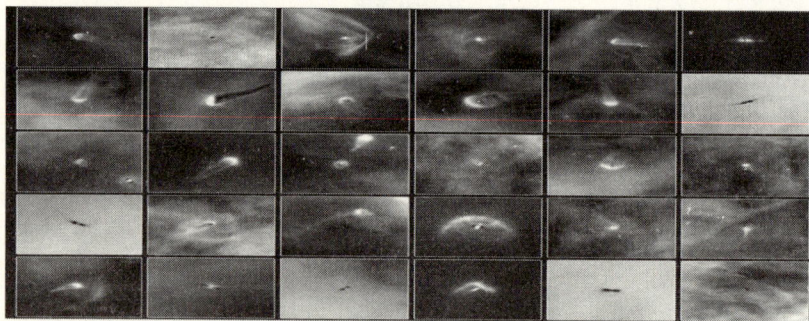

哈勃望远镜最新拍摄到猎户座星云中的30多个婴儿太阳系统

星云和恒星有着"血缘"关系。

星云←——→恒星

星云的密度超过一定的限度，就会在引力作用下收缩，体积变小，逐渐聚集成团。恒星形成以后，又可以大量抛射物质到星际空间，成为星云的一部分原材料。所以，恒星与星云在一定条件下是可以互相转化的。

多样星云

星云有两种分类方法，分别可以从星云的发光性质与星云的形态进行分类。

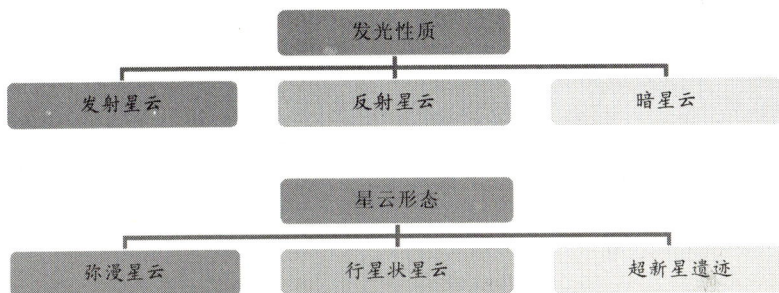

```
                    发光性质
        ┌──────────────┼──────────────┐
     发射星云        反射星云         暗星云

                    星云形态
        ┌──────────────┼──────────────┐
     弥漫星云        行星状星云       超新星遗迹
```

发射星云

发射星云是受到附近炽热光量的恒星激发而发光的，这些恒星所发出的紫外线会电离星云内的氢气，令它们发光。星云的颜色取决于它的化学组成和被游离的量，由于在星际间的气体绝大部分都是在相对条件下只要较低能量就能游离的氢，所以许多发射星云都是红色的。

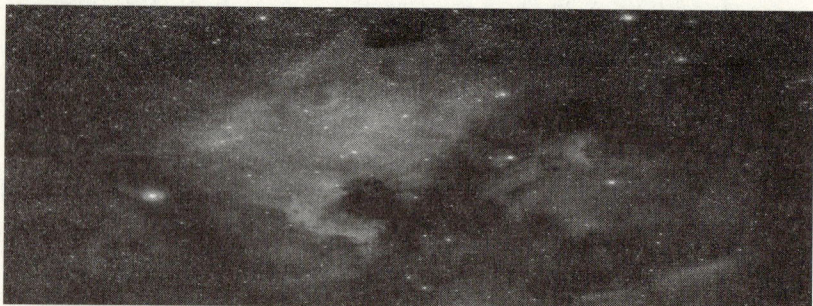

天鹅座的北美洲星云

人马座礁湖星云

反射星云

与发射星云不同，反射星云只是由尘埃组成，单纯地反射附近恒星或星团光线的云气，多呈蓝色。反射星云的光度较暗弱，在透明度高及无月的晚上，利用天文望远镜便可看到。

金牛座M45七姊妹星团的反射星云

暗星云

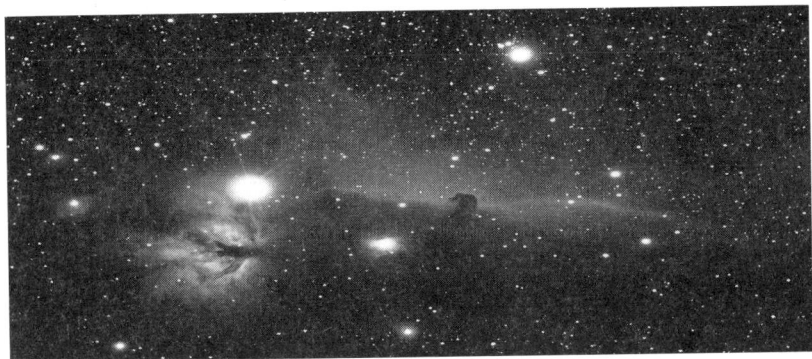

马头星云

恒星都跑到那儿去了？以前认为它是天空中的一个洞，现在的天文学家知道它是个暗星云。它的密度足以遮蔽星云或恒星的光。

弥漫星云

弥漫星云，意思是朦胧，云雾。弥漫星云中诞生了无数恒星，它没有规则的形状，俨然一个庞然大物，内部物质分布不均匀，也没有明显的边界。实际上，除环状对称的行星状星云外，所有的星云都可以称作形状不规则的弥漫星云。

猎户座大星云是我们用肉眼可以看见的少数星云，这个星云相当于一个造星工厂，距地球约1500光年。

这个星云因如玫瑰花一般美丽，距我们3000光年，中间有一个星团，周围包围了大片的宇宙气体。

行星状星云

行星状星云是恒星晚年时的产物，是由恒星爆炸创造的在宇宙盛开的美丽花朵。由质量小于太阳十倍的恒星在其演化的末期，其核心的氢燃料耗尽后不断向外抛射的物质构成。行星状星云是指外形呈圆盘状或环状的并且带有暗弱延伸视面的星云，属于发射星云的一种。在望远镜中看去，它具有像天王星和海王星那样略带绿色而有明晰边缘的圆面。行星状星云呈圆形、扁圆形或环形，有些与大行星很相像，因而得名。

距离地球8000光年的年轻行星状星云，因星云中心有沙尘般的物质外溢，好似沙粒在沙漏中移动而得名。当其内部核燃料耗尽，这个如同太阳般的恒星会首先在中心冷却，蜕变成为白矮星。

苍蝇座沙漏星云

超新星遗迹

超新星遗迹也是一类与弥漫星云性质完全不同的星云，它们是超新星爆炸后抛出的气体形成的。这类星云的体积也在膨胀之中，最后也趋于消散。

金牛座蟹状星云是由一颗巨大的恒星爆炸后的碎片形成的。

三、星 团

星团是指恒星数目超过10颗以上，并且相互之间存在物理联系的星群。星团中的恒星成群结队地遨游太空，有的十几颗一组，有的甚至几十颗或几十万颗恒星组成一个集团。

球状星团

球状星团呈球形或扁球形，与疏散星团相比，它们是紧密的恒星集团，形成庞大的"集团"。这类星团包含1万到1000万颗恒星，成员星的平均质量比太阳略小。用望远镜观测，可以看到在星团的中央恒星非常密集。

由100多万颗恒星组成，星团半径165光年，M13距地球约25100光年。
武仙座M13

疏散星团

疏散星团一般是指由数百颗至上千颗由较弱引力联系的恒星所组成的天体，直径一般不超过数十光年。疏散星团只见于恒星活跃形成的区域，一般来说都很年轻，只有数百万年历史，比地球上的不少岩石还要年轻。

位于小麦哲伦星系，距我们20万光年，有数百颗恒星，跨度65光年。
杜鹃座NGC290

四、没能成为恒星星体的星——褐矮星

褐矮星是构成类似恒星、但质量不够大、不足以在核心点燃聚变反应的气态天体。

奇妙的大千宇宙

科学家发现奇特太阳系外行星 绕炽热恒星运转

荷兰莱顿大学的3位本科学生发现一颗奇特太阳系外行星，他们是开展课题研究过程中发现这颗行星的。这也是迄今发现的第一颗围绕快速旋转炽热恒星的行星。这颗行星的质量大约是木星的5倍，它围绕主恒星旋转一周仅用2.5天。它与主恒星之间的距离仅为地球和太阳距离的百分之三，因此这是一颗非常炽热的行星，体积也比通常的行星大许多。它的温度高达7000摄氏度，比太阳还高1200度。

失败的恒星

褐矮星被称为"失败的恒星",它由于质量不足,无法成为燃烧的恒星,但其质量仍远大于太阳系最大的行星——木星。天文学家在这些古怪的星球上发现了巨大的类似行星的风暴,这种风暴足以与木星上的大红斑风暴媲美。

褐矮星不属于恒星,也不属于行星,而是介于两者之间的天体。褐矮星的研究使我们对恒星与行星的本质有了更深刻的认识。褐矮星的形成可能既不同于恒星也不同于行星,对它们形成的研究可以更透彻地理解恒星及行星的形成。

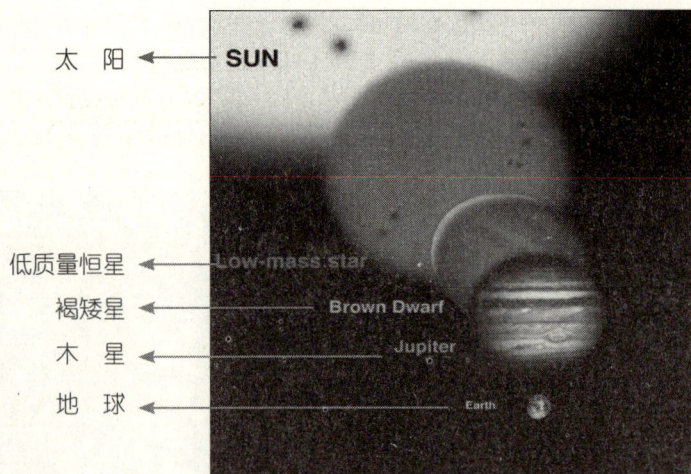

太 阳 ← **SUN**

低质量恒星 ← Low-mass star

褐矮星 ← Brown Dwarf

木 星 ← Jupiter

地 球 ← Earth

五、满天繁星

每当抬头，我们就能看见满天繁星，点缀在漆黑的夜空中。这幅美丽的景色让我们都分外陶醉，恒星就像明灯一样燃烧了自身，照亮了宇宙。

恒星是由炽热气体组成的，是能自己发光的球状或类球状天体。由于恒星离我们太远，不借助于特殊工具和方法，很难发现它们在天上的位置变化，因此，古代人认为它们是固定不动的星体。我们所处的太阳系的主星太阳就是一颗恒星。

恒星风

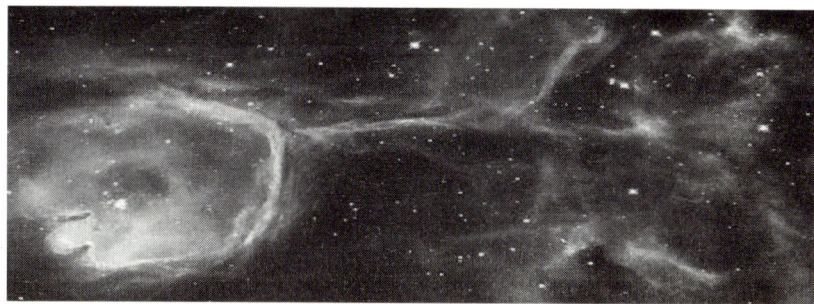

该图是哈勃望远镜发回的最新照片，显示了一个巨大的宇宙气体洞穴，它是由一股强烈的恒星风与气体碰撞形成的。

每一个恒星都会向外发射粒子，这些粒子就像狂风一样扫荡着恒星周围的宇宙空间，冲击着恒星周围的物质。

恒星的结构

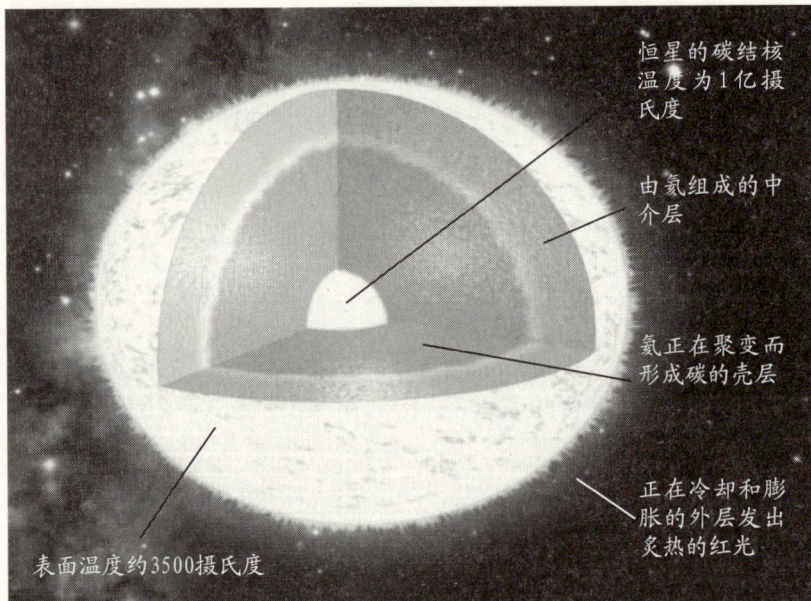

恒星的碳结核
温度为1亿摄
氏度

由氦组成的中
介层

氦正在聚变而
形成碳的壳层

正在冷却和膨
胀的外层发出
炙热的红光

表面温度约3500摄氏度

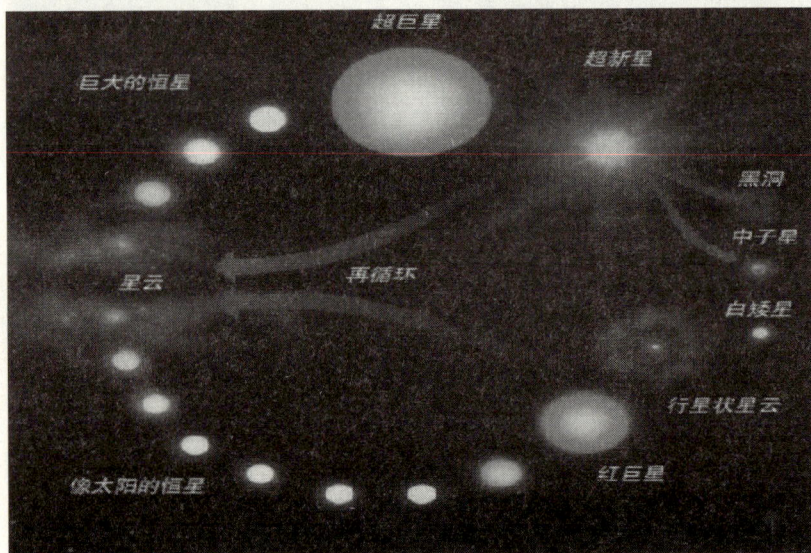

超巨星

巨大的恒星

超新星

黑洞

中子星

白矮星

星云

再循环

行星状星云

像太阳的恒星

红巨星

恒星的演变

六、超级巨星——超巨星

巨星和超巨星的体积都十分庞大，有的比太阳大一百倍乃至十万倍，但是它们的质量一般只有太阳的几倍至几十倍，因此它们的密度就比太阳的密度小得多。巨星的平均密度可以和地上气体的密度相比，而超巨星的密度只有水的密度的千分之一，这是一个有趣的现象。原来恒星世界的巨人，其实是虚有其表的庞然大物。

超巨星体积十分庞大，如果我们的太阳变成超巨星，火星、我们生活的地球，甚至是木星都会被庞然大物一口吞掉。不知到时候，我们是否会无处逃生。

参宿七不仅连续地吹出很强的星风，还以间断的方式抛出物质，形成一个膨胀的气壳，它最亮时是猎户座的第一亮星。

红巨星一旦形成，就朝恒星的下一阶段——白矮星进发。当外部区域迅速膨胀时，氦核受反作用力却强烈向内收缩，被压缩的物质不断变热，最终内核温度将超过一亿度，点燃氦聚变。最后的结局将在中心形成一颗白矮星。

七、红巨星中心的白矮星

白矮星形成于红巨星的中心，恰如其名，白矮星看起来暗淡无比，却发出白色的光，而且它的体积也非常小。但这只是它的外表，白矮星质量大得惊人，密度也十分大。虽然白矮星刚形成的时候温度很高，但相比以前已经是大大降低了。

奇妙的大千宇宙

万象白矮星

年轻白矮星

目前科学家所了解的一颗最炙热的白矮星，距离地球大约有4000光年。围绕在它周围的炙热的紫色光环，是恒星在生命的最后阶段转变成一颗白矮星的过程中抛弃的剩余材料。

固定轴环绕

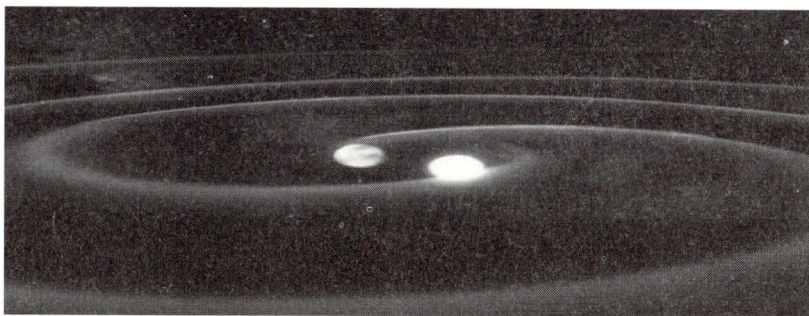

这张照片的主角是双星系J0806里的两颗白矮星，这两颗星沿着一条不断加速的螺旋轨迹相互高速环绕。

投石器

　　白矮星似乎正在不断从大块头伴星身上吸取原料。虽然在通常情况下，这一现象会导致白矮星的质量增大，但是双星系里的这颗白矮星好像一直在使劲把自身的物质扔出去。

白矮星吃彗星

　　美国宇航局的斯皮策太空望远镜发现，一颗被称作G29-38的白矮星似乎正打算吞掉围绕它旋转的彗星，因为这颗白矮星的轨道里显然有彗星遗留下来的一团碎片。

最小的白矮星

　　银河系里已知质量最小的白矮星，体积与土星差不多，但是质量却有太阳的五分之一。这颗轻量级白矮星距离地球大约7400光年。最初天文学家怀疑这么小的一颗白矮星怎么会形成。现在科学家认为，这颗星是通过吸收一颗比它更重的白矮星伴星的质量形成的。

八、恒星死亡——超新星

　　当你遥望星空的时候，可能会发现一颗非常明亮的恒星，但是，经过几天甚至几个月之后，它可能又慢慢地不见了。一颗大质量恒星的暴死，才发出了这样的光亮。

超级计算机模拟超新星爆炸的物理过程

　　由于质量巨大，在它们演化到后期时，当核心区的能量积攒到一定程度时，就会发生大规模的爆炸，这种爆炸就是超新星爆发。

　　在大爆炸的过程中，恒星将抛掉自己的大部分物质，同时释放巨大的能量。因此，在很短的时间内，它的光度有可能增加几十万倍，这就是"新星"。如果恒星的爆炸再猛烈些，它的光度增加甚至能超过1000万倍，这就叫做超新星。

2006年哈勃太空望远镜就记录到这个美丽的波纹与另外一个大星云，红色的部分是哈勃太空望远镜透过滤镜所拍下的高能氢气。造成红色环状的原因大概是400年前或更早以前的爆炸。

哈勃望远镜拍到2006年爆炸的超新星残余的特写镜头。这个残余其实是来自恒星爆炸的部分冲击波。

小风铃探究

　　二十年前天文学家在距离我们银河系不远的地方发现了一颗明亮的超新星 —— 1987A，它是我们人类在过去四百多年以来所观测到的最为明亮的超新星，在它爆发后的几个月内，超新星1987A所喷发出的能量相当于我们的太阳在同一时间段里所发出的能量的上亿倍。

　　北京天文馆将举办题为"超新星1987A带给了我们什么？"的主题讲座。你认为它能为我们带来什么呢？

眼镜爷爷来揭秘

超新星爆炸给我们带来了什么？

重元素的来源

类似1987A的超新星在爆发期间会产生碳和铁之类的重元素，这是形成新恒星、星系，乃至人类的重要原料。例如，我们血液之中的铁，就是由超新星爆炸产生的。

新恒星的形成

超新星的爆发是孕育新生恒星的摇篮，它是天体演化的重要环节，如同凤凰涅槃一般一次次地在灰烬中重生。

据认为一颗近地超新星引起的伽马射线暴有可能是造成奥陶纪 —— 志留纪灭绝事件的原因，这造成了当时地球近60%的海洋生物的消失。

奇妙的大千宇宙

物种大灭绝时期是地球历史上各种生物同时间或者一段有限时间框架内，出现异常，大批量地死亡。其实史前时期、近古时代及近现代，许许多多动物、植物的消失都是人类的"功劳"，最终在化石中留下了生物大灭绝的记录。想知道有哪几次史前五大生物大灭绝事件吗？那么就接着往下看吧！

奥陶纪 ——志留纪大灭绝

奥陶系 ——志留纪大灭绝有两个相隔数十万年的死亡高峰期。在奥陶纪，大多数生命还生活在海洋里，结果是大量海洋水生生物例如三叶虫、腕足类动物和笔石类动物数量急剧减少。

晚泥盆纪大灭绝

晚泥盆纪大灭绝导致全部物种的四分之三从地球上消失，尽管它可能由长达数百万年的一系列物种灭绝事件组成，而非单一的事件。浅海处的生命受影响最严重。珊瑚礁可谓一蹶不振，直到一亿年后新类型的珊瑚重新进化，才得以恢复昔日的光彩。

二叠纪生物大灭绝

　　二叠纪大灭绝的昵称是"大死亡事件"，因为数目惊人的96%的物种全都消失了。今天地球上所有生命都是当初有幸存活的4%物种的后代。

三叠纪 ——侏罗纪大灭绝

　　三叠纪时期的最后1800万年里，大概有两三个灭绝时期产生的综合效应，形成了三叠纪 ——侏罗纪大灭绝事件。原因归咎于气候变化、玄武岩泛流喷发以及小行星撞击地球。

白垩纪 ——第三纪大灭绝

　　地球历史上的一次大规模物种灭绝事件，发生于6550万年前，灭绝了当时地球上90%的生物（含恐龙）。它因为造成恐龙的灭亡与哺乳动物的兴起而著名，是地质年代中最严重的生物集体灭绝事件。

九、宇宙的缺口——黑洞

宇宙魔王

黑洞拉伸，撕裂并吞噬恒星

由于黑洞的引力很强，它可以吸附任何游弋在外围的物质，吸附任何物质到黑洞中心，这不是名副其实的"宇宙魔王"吗？

当一颗质量是太阳10倍以上的恒星死亡时，由于恒星内部已无法承受自身巨大的引力，就发生了一阵惊天动地的大爆炸。瞬间，恒星的亮度比一个星系的亮度还大，表面的物质被飞速抛到外太空，内核则迅速坍塌，直到坍塌成为一个直径只有几公里的恒星，质量与引力重新获得平衡，于是成为黑洞。黑洞其实是一个球体，由于它的引力大得连光也跑不出来，因而被蒙上了一层神秘的面纱。

奇妙的大千宇宙

美国宇航局对一系列令人惊异的黑洞图片进行了汇编整理，这几幅黑洞图片便是其中最不可思议的代表之作。

宇宙中的奇异黑洞

头碰头

黑洞影响

这幅照片由钱德拉X射线望远镜拍摄，展示了半人马座A星系内一个超大质量黑洞产生的影响。

双黑洞

照片同样由钱德拉望远镜拍摄，美国宇航局认为照片中的这些点可能就是两个超大质量黑洞的"出发点"。

婴儿黑洞出生

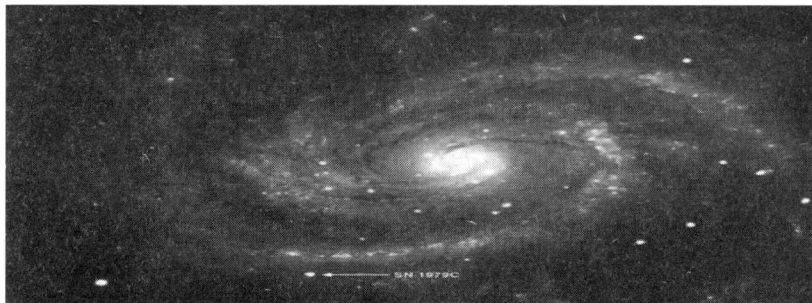

　　美国宇航局最近宣布，他们第一次观测到附近一个星系内发生的黑洞"诞生"过程。

宇宙探照灯

　　M87星系向外喷射电子流，电子流由一个黑洞提供能量。这些亚原子粒子以接近光速的速度移动，说明星系中央存在一个超大质量黑洞。超大质量黑洞是星系内质量最大的黑洞，M87星系的黑洞大概已经吞噬了相当于20亿颗太阳的物质。

拖拽恒星气体

　　一个黑洞正在拖拽附近恒星的气体，黑洞之所以呈黑色是因为巨大的引力吞噬了光线。它们并不可见，研究人员需要找到相关证据，证明它们的存在。

万花筒般的色彩

一幅伪色图片，所用数据来自于美国宇航局的斯皮策和哈勃望远镜，一个超大质量黑洞正向外喷射巨大的粒子喷流。宇航局表示，这个喷流的长度达到10万光年，体积相当于我们的银河系。

微类星体

微类星体据信是质量与恒星相当的小黑洞。如果掉入这个黑洞，即使尚未被巨大的引力碾碎，你也无法从这个黑洞的后部穿出，逃离生天。等待你的将是无边无际的黑暗，任何人也看不到你。

第三章　宇宙中的古老神话

世界上有两件东西能够深深地震撼人们的心灵，

一件是我们心中崇高的道德准则，

另一件是我们头顶灿烂的星空。

——伊曼努尔·康德

一、天穹王国

　　我们平时所熟知的十二星座与这里所讲的星座是不同的。占星术中的十二星座其实是假借黄道十二星座的形象，但你所深信不疑的占星术被普遍视为没有使用真正科学方法的伪科学。现在，你可以按照天文历法的十二星座实际日期来对照你的出生日期，看你所属的星座。

天球

北
以地球为核心
的假象圆球

north celestial pole

celestial equator

north pole

Equator

declination

ecliptic

south pole

right ascension

south celestial pole

南

地球是用经度和纬度来进行定位的，天球也有它的经度与纬度，方便标识天体大致的方向进行寻找。

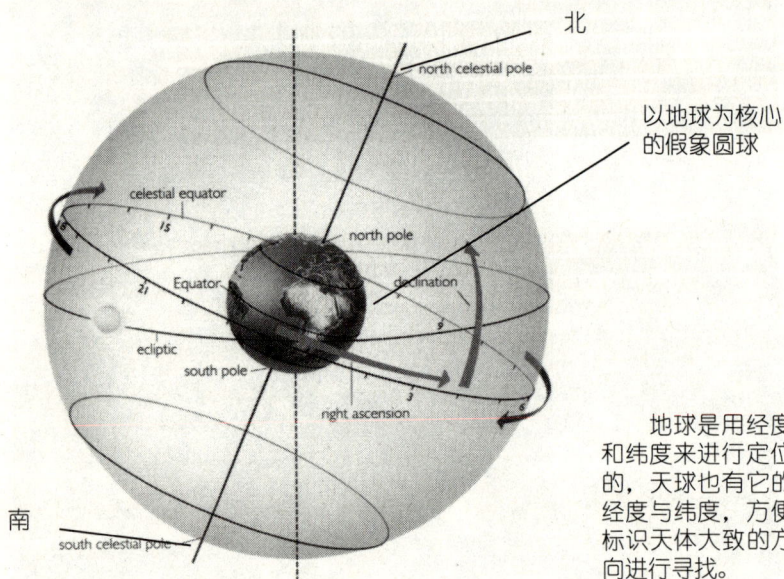

　　广袤无垠的天空，看起来像一个庞大的圆球，全部日月星辰好像都分布在这个球面上。天文学上就将以地球为中心，以无限大为半径，内表面分布着各种各样天体的球面称为天球。

星星在天空中移动的方向并不是杂乱无章的,而且星座的形状并不会改变。星星从东方的地平线爬上来,爬到最高点(中天),然后往西方沉下去。看起来就像整个天球围绕着地球旋转一样。相信大家都明白,地球并不是宇宙的中心,星体并不会绕着地球转。星体在天空中绕着我们旋转,是因为地球自转而产生的错觉,天球本身是不会移动的。

二、中国古代天文

三垣二十八宿

三垣二十八宿是我国古代对星空的划分。

三垣

紫微垣	北天极附近的天区,中国古代多以皇家贵胄命名,如:天皇大帝、太子。
太微垣	中国古代多以大臣官职命名,如:三公、九卿、虎贲、从官、幸臣等。
天市垣	中国古代多以市井商贾命名,如:斗、斛、肆、楼等。

二十八宿

东方青龙七宿

指角、亢、氐、房、心、尾、其七个星宿，这一区域包括46个星座，300多颗星。

南方朱雀七宿

南方七宿是井、鬼、柳、星、张、翼、轸，计有42个星座，500多颗星，它的形象是一只展翅飞翔的朱雀。

西方白虎七宿

西方七宿包括奎、娄、胃、昴、毕、觜、参。共有54个星座，700余颗星，它们组成了白虎图案。

北方玄武七宿

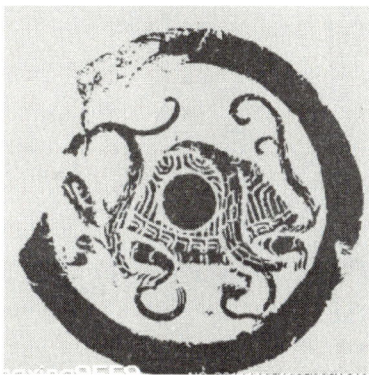

北方七宿包括斗、牛、女、虚、危、室、壁，共65个星座，800余颗星，它们组成了蛇与龟的形象，故称为玄武。

试一试

选一个夜晚，和你的朋友们一起到户外找找星图上的星座吧！

历法知多少

春雨惊春清谷天，夏满芒夏暑相连，秋处露秋寒霜降，冬雪雪冬小大寒。

这是一首古诗，蕴含了我国古代的节气文化。中国历法历史悠久，秦汉年间，二十四节气就已经完全确立了。公元前104年，由邓平等制定的《太初历》，正式把二十四节气订于历法，明确了二十四节气的天文位置。

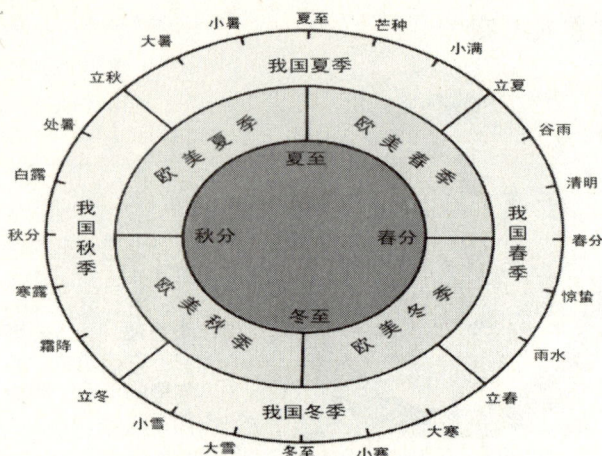

二十四节气与四季（北半球）

　　二十四节气是根据太阳在黄道（即地球绕太阳公转的轨道）上的位置来划分的。太阳从春分点（黄经零度，此刻太阳垂直照射赤道）出发，每前进15度为一个节气；运行一周又回到春分点，为一回归年，合360度，因此分为24个节气。节气的日期在阳历中是相对固定的，现在的农历既不是阴历也不是阳历，而是阴历与阳历结合的一种阴阳历。

立春	雨水	惊蛰	春分	清明	谷雨
立夏	小满	芒种	夏至	小暑	大暑
立秋	处暑	白露	秋分	寒露	霜降
立冬	小雪	大雪	冬至	小寒	大寒

农历24节气

　　各个节气与我国劳动人民的生产生活息息相关，简要地介绍几个节气你就会有所了解。

惊　蛰

　　惊蛰是二十四节气之一，每年太阳运行至黄经345度时即为惊蛰，一般在每年的3月5日或6日，这时气温回升较快，渐有春雷萌动，"惊蛰"是指钻到泥土里越冬的小动物被雷震苏醒而出来活动。

气温回升，雨水增多，防虫治害

惊蛰时节正是大好的"九九"艳阳天，气温回升，雨水增多。除东北、西北地区仍是银装素裹的冬日景象外，我国大部分地区平均气温已升到0℃以上，华北地区日平均气温为3℃～6℃，江南为8℃以上，而西南和华南已达10℃～15℃，早已是一派融融春光了。

惊蛰后温暖的气候条件利于多种病虫害的发生和蔓延，田间杂草也相继萌发，应及时搞好病虫害防治和中耕除草工作。

另外，这时气温回升较快，长江流域大部分地区已渐有春雷。我国南方大部分地区，一般情况下雨水、惊蛰亦可闻春雷初鸣；而华南西北部除了个别年份以外，一般要到清明才有雷声，为我国南方大部分地区雷暴开始最晚的地区。

芒种

芒种，是农作物成熟的意思。芒种是二十四节气中的

芒种前三日秧不得，芒种后三日秧不出

第九个节气。每年的6月5日左右为芒种。芒种季节，大麦、小麦等有芒作物的种子已经成熟，抢收十分急迫。晚谷、黍、稷等夏播作物也正是播种最忙的季节，故又称"芒种"。春争日，夏争时，"争时"即指这个时节的收种农忙。人们常说"三夏"大忙季节，即指忙于夏收、夏种和春播作物的夏管。所以，"芒种"也称为"忙种"、"忙着种"，是农民朋友的播种季节。"芒种"到来预示着农民开始了忙碌的田间生活。

处 暑

《月令七十二候集解》
处，去也，暑气至此而止矣。

处暑是反映气温变化的一个节气。"处"含有躲藏、终止的意思，"处暑"表示炎热暑天结束了。也就是说炎热的夏天即将过去，到此为止了。处暑以后，除华南和西南地区外，我国大部分地区雨季即将结束，降水逐渐减少。尤其是华北、东北和西北地区必须抓紧蓄水、保墒，以防秋种期间出现干旱而延误冬作物的播种期。

小 雪

小雪阶段比入冬阶段气温低。到了小雪节气，意味着我国华北地区将有降雪。冷空气使我国北方大部地区气温逐步达到0℃以下。

《月令七十二候集解》
雨为寒气所薄，故凝而为雪，小者未盛之辞

黄河中下游平均初雪期基本与小雪节令一致。虽然开始下雪，一般雪量较小，并且夜冻昼化。如果冷空气势力较强，暖湿气流又比较活跃的话，也有可能下大雪；南方地区北部开始进入冬季。"荷尽已无擎雨盖，菊残犹有傲霜枝"，已呈初冬景象。

小风铃探究

西园梅放立春先，云镇霄光雨水连。惊蛰初交河跃鲤，春分蝴蝶梦花间。

清明时放风筝好，谷雨西厢宜养蚕。牡丹立夏花零落，玉簪小满布庭前。

隔溪芒种渔家乐，农田耕耘夏至间。小暑白罗衫着体，望河大暑对风眠。

立秋向日葵花放，处暑西楼听晚蝉。翡翠园中沾白露，秋分折桂月华天。

枯山寒露惊鸿雁，霜降芦花红蓼滩。立冬畅饮麒麟阁，绣襦小雪咏诗篇。

幽阁大雪红炉暖，冬至琵琶懒去弹。小寒高卧邯郸梦，捧雪飘空交大寒。

这首诗暗藏了24种节气，请你也来找找看！

三、星座神话

1928年国际天文学联合会正式公布国际通用的88个星座方案，同时规定以1875年的春分点和赤道为基准。根据88个星座在天球上的不同位置和恒星出没的情况，又划分成五大区域，即北天拱极星座（5个）、北天星座（40°～90°，19个）、黄道十二星座（天球上黄道附近的12个星座）、赤道带星座（10个）、南天星座（-30°～-90°，42个）。

下面主要介绍几个星座以及与它们有关的希腊神话。

猎户的忠实助手——大犬座

大犬座是全天八十八星座之一，位于南天，也是托勒密定义的四十八星座之一。

大犬座中的天狼星是夜空中最亮的星，也是冬季大三角的一个定点。

忠实猎犬

传说西里斯是猎人奥里翁的一只心爱的猎犬，终日伴随在猎人的左右。后来，奥里翁为他的妻子、月神阿尔忒弥斯误杀而死，他的爱犬也十分悲伤，整天什么东西也不吃，只是悲哀地吠叫，最后饿死在主人的房子里。天神宙斯为嘉奖它的忠义，就把它升到天上化为大犬座。如今这只猎犬仍然追随它的主人，在勇猛地捕捉那只小兔子。

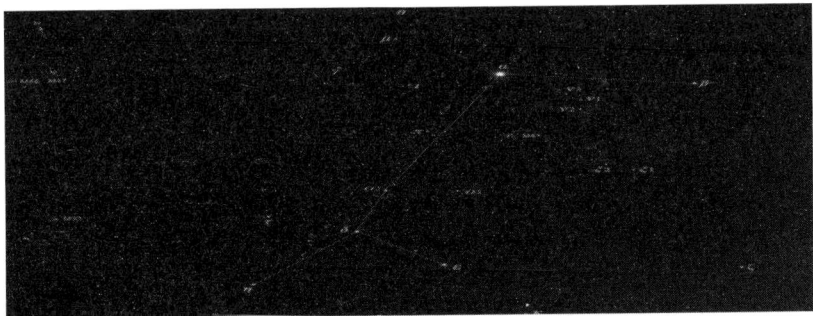

友爱的孪生子——双子座

双子座有一个流星群，被称为双子座流星雨。它的辐射点就在α星附近，在每年12月11日前后出现，到13日是流星最盛的时候。

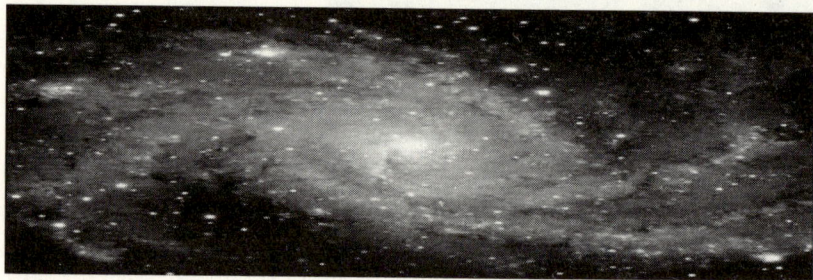

双子座星云

宙斯的双生子

双子座的确是一对双胞胎，而且是宙斯的杰作。某天他化作天鹅和美丽的斯巴达公主幽会，结果公主生了两个蛋，一个孵出导致特洛伊战争的绝世美女海伦，另一个蹦出了这一对孪生兄弟。弟弟普勒克斯被托付给天神宙斯，于是普勒克斯拥有长生不老之躯。长大后两人都成为非常英勇的战士，卡托斯精于骑术，普勒克斯精于拳术，两人在战争中立下不少功劳。但在某次战役中卡托斯不幸丧生，普勒克斯非常伤心，他甚至祈求宙斯以自己的性命换哥哥的生命，并立誓为卡托斯报仇。宙斯很感动，于是让他们在天上长伴左右，成为双子星座。

在另外一个神话版本中，两兄弟在一次航海遇到大风暴，眼看船就要被卷入海里，在这时，两兄弟的头上出现星星，暴风便停下来。因此双子座也成为了航海的守护星。每每从冬天的黄昏到夜晚，都可以在天顶的位置看到它。

勇士之船——船尾座

船尾座星云

寻找金羊毛

南船座即阿格号，故事中伊阿宋带着五十个人乘阿格号到位于黑海的科尔基斯找金羊毛。建船之时，雅典娜下令阿尔戈斯采佩利翁山的木材造船，宙斯也指示阿尔戈斯以多多纳之橡木建船首，那里的橡木赋有语言能力，在阿格号起航时，甚至听到橡木的哭声。阿格号在旅途中遇上重重困难，其中以撞岩最为著名，它好像自动门一样开开合合挡着黑海的入口，当时伊阿宋情急智生，放出白鸽，让白鸽飞于船前，两块大石瞬时掩埋，夹断白鸽的尾巴，船员趁两块大石打开再次撞击之前，用尽九牛二虎之力，再得雅典娜之助，结果只是船尾受到少许损坏。经过几番波折进入黑海后，伊阿宋偷去金羊毛回到希腊，把阿格号泊于科林斯，算是对海神波塞冬的一种感谢。在星图上，我们只能见到阿格号的船尾，船头被浓雾所覆盖，或是被撞岩所遮掩，有说是伊阿宋晚年在船上沉思过往的历险时，船首忽然塌下来压死了熟睡中的伊阿宋，于是波塞冬将船的其余部分升上天空。

义犬西里斯的同伴——小犬座

小犬座星云

猎户的小犬

传说自从义犬西里斯升为大犬座后，天神宙斯为了不使西里斯在天上感到寂寞，便找了一只小狗来与它做伴，这就是小犬座。如今这两只猎犬总是跟在猎户奥里翁的后面，帮助猎户狩猎。

死在蛮力下的巨蟹——巨蟹座

忠实的巨蟹

　　赫拉克勒斯是宙斯与凡人生的儿子，天后赫拉三番两次要置他于死地。他是希腊最伟大的英雄，世间最壮的人，连天神也是靠他的协助才征服了巨人族。有一天他来到了麦西尼王国，正准备接受英雄式的欢迎，国王却因受到赫拉的指使，给他出一道难题——杀掉住在沼泽区的九头蛇。这事很难办，因为每砍掉九头蛇一个头，它便会马上生出无数个头。赫拉克勒斯想到一个办法用火烧焦蛇头，就这样轻易解决了八个蛇头。眼看只剩最后一个了，赫拉在天上气得怒火中烧。"难道这次又失败了？"，她不甘心啊！于是从海里叫来一只巨大的螃蟹要阻碍赫拉克勒斯，巨蟹伸出了强有力的双钳夹住赫拉克勒斯的脚，但是谁都知道，赫拉克勒斯是世间最壮的人啊！虽然巨蟹一直没有放开蟹钳，但是这只巨蟹最后仍死于他的蛮力之下。

　　赫拉又失败了，但对巨蟹不顾一切的牺牲，却感到心有戚戚，为了感佩巨蟹的忠于使命，即使没有成功，赫拉仍将它放置在天上，也就成了巨蟹座。

与巨蟹同样悲惨的狮子——狮子座

面对挑战者，直来直往单打独斗的王者风范，是狮子座的象征，相传狮子座的由来与赫拉克勒斯有关。

赫拉克勒斯是宙斯与凡人的私生子，他天生具有无比的神力，天后赫拉也因此怒火中烧。在赫拉克勒斯还是婴儿的时候，就放了两条巨蛇在摇篮里，希望咬死赫拉克勒斯，没想到赫拉克勒斯笑嘻嘻地握死了它们，从小赫拉克勒斯就被奉为"人类最伟大的英雄"。赫拉当然不会因为一次失败就放弃杀死赫拉克勒斯，她故意让赫拉克勒斯发疯，殴打自己的妻子，赫拉克勒斯醒了以后十分懊悔伤心，决定要以苦行来洗清自己的罪孽，他来到麦西尼请求国王派给他任务，谁知道国王受赫拉的指使，赐给他十二项难如登天的任务，必须在十二天内完成，其中之一是要杀死一头食人狮。这头狮子平时住在森林里，赫拉克勒斯进入森林中找寻，只是森林中一片寂静，所有的动物，小鸟、鹿、松鼠都被狮子吃得干干净净，赫拉克勒斯找累了就打起瞌睡来。就在此刻，巨狮子从一个有双重洞口的山洞中昂首而出，赫拉克勒斯睁眼一看，天啊！食人狮有一般狮子的五倍大，身上沾满了动物的鲜血，更增添了几分恐怖。赫拉克勒斯先用神箭射它，再用木棒打它，都没有用，巨狮子刀枪不入，最后赫拉克勒斯只好和狮子肉搏，过程十分惨烈，但最后还是用蛮力勒死了狮子。食人狮虽然死了，但赫拉为纪念它与赫拉克勒斯奋力而战的勇气，将食人狮放到空中，变成了狮子座。

美女的变形——大熊座

在地球上不同纬度的地区，所能看到的星座是不一样的。在北纬40°以上的地区，也就是北京和希腊以北的地方，一年四季都可以见到大熊座。在春天，大熊座正在北天的高空，是四季中观看它全貌的最好时节。

北斗七星

其实，观看大熊座时，勺子的形状比熊的形象更容易被看出来。勺子一年四季都在天上，不同季节勺把的指向有变化，恰好是一季指一个方向，远古时代没有日历，人们就用这种办法估测四季。当然，由于地球的自转，必须是晚上八点多才能看到这一现象。

嫉妒的牺牲品

相传，卡力斯托是一位温柔美丽的妙龄少女。她的眉毛细又长，好像树上的弯月亮；她的眼睛明又亮，好像秋波一个样；她的脸儿红又圆，胜似苹果红又润。苗条而不削瘦的身段呈现出运动员的气质，使她爱上狩猎的运动，经常跟随狩猎女神又是月神的阿尔忒弥斯外出狩猎，练就了一身过硬的狩猎本领。不久，她被众神之父宙斯爱上，生下了一个天真可爱的阿卡斯。一天，赫拉发现了宙斯与卡力斯托的关系，卡力斯托的美丽、贤惠、勇敢，使赫拉顿时产生了嫉妒之心。于是，她就用神力残忍地把卡力斯托变成了一只母熊，破坏了她与宙斯的关系。卡力斯托的儿子阿卡斯长大了，也是一个出色的猎手。有一天，阿卡斯在林中狩猎，给变成大熊的卡力斯托看见了。她非常高兴，忘记了自己已是熊身，迎上前去，想拥抱日夜想念的儿子——阿卡斯。于是她们母子被提到天界，成了大熊星座和小熊星座。神后得知此事，心里很不高兴。她就偷偷地央求统管北方领地的海神波塞冬帮忙。海神波塞冬为了讨好神后赫拉，于是，就下令禁止大熊卡力斯托和小熊阿卡斯到海神管辖的领地里去休息，并用海水把他们母子隔开了。母亲思儿心切，只好绕着北方的儿子转圈。儿子想念母亲，站在北天日夜望着可怜的母亲。所以，大熊座和小熊座永远不会沉到地平线下去，终年绕着北天极转。

蛇精的化身——长蛇座

用来怀念英雄的星座

相传长蛇座是水蛇精许德拉的化身。这条蛇精有9个头，9张嘴毒气齐喷，危害无比。如果砍掉它的一个头，立即会长出两个头，凶猛倍增。盖世英雄赫拉克勒斯消灭了狮子精后，又与他的侄子伊俄拉俄斯一起去寻找水蛇精，为民除害。为防止蛇精的头不断成倍长出，他们采取了一个妙法：每当赫拉克勒斯砍掉一个蛇头，伊俄拉俄斯马上用火烧焦蛇精颈部的伤口，使蛇头长不出来。凭勇气和智慧，他们终于消灭了水蛇精。为纪念海格立斯的功绩，宙斯将这条水蛇精升上天空，每当人们看到这条长长的长蛇座时，就会怀念这位勇斗水蛇精的英雄赫拉克勒斯。

说谎的乌鸦——乌鸦座

太阳神妻子的宠物

阿波罗娶了美丽的迪丝沙丽亚王国的女王库鲁妮丝为妻子，但是他一人身兼四职，既是太阳神、音乐神、预言神，同时也是医家之神；因此非常忙碌，一直没有时间陪他心爱的妻子。所以当阿波罗无法待在库鲁妮丝身旁时，他给了一只银色羽毛、会说人话的乌鸦一个使命，就是每天将库鲁妮丝的状况传达给阿波罗。有一次乌鸦因为偷懒而迟到了，使得想要早早知道库鲁妮丝状况的阿波罗等得心浮气躁，就大发怒气。为了要找借口，乌鸦说了一个谎，它说因为库鲁妮丝红杏出墙，所以它在烦恼到底应不应该报告出来而迟到了。正在气头上的阿波罗马上赶往库鲁妮丝那儿，当他发现一个可疑的人影时，立刻就把箭射了出去，没想到竟然是库鲁妮丝，可怜的库鲁妮丝就这样香销玉殒了。知道事情真相的阿波罗，生气地把乌鸦会讲话的能力夺走，并把它银色的羽毛变成乌黑黑的颜色，然后将它钉在黑暗的天空上，这就是在春天的夜里闪亮的乌鸦座。当然，黑色乌鸦的样子在黑暗的夜空里是看不到的，而形成乌鸦座的星星是把乌鸦钉在天空上的一些银色钉子。

考考你

你还知道其他星座传说吗？快讲给大家听听吧！

第四章　八星成一家

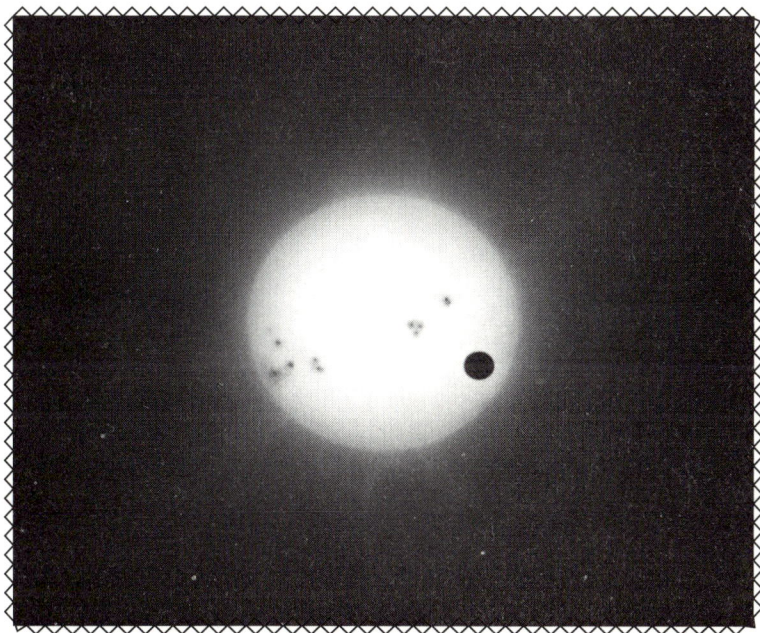

太阳系就是我们所存在的宇宙空间。

我们日日所见的斗转星移是怎样的？

还有带给我们希望与阳光的太阳，

还有……

今天就来为你一一揭晓。

一、太阳系的依附地——银河系

奇妙的大千宇宙

诗情画意的银河

　　照片是在阿尔及利亚的阿杰尔高原国家公园拍摄的。这张通过长时间曝光得到的照片，显示了银河系宛如瀑布一样在撒哈拉沙漠砂岩山之上倾泻而下。

　　这张图片展示着天空中的南天银河，十分壮阔，星点斑斓，惹人遐想，这就是美丽的银河。牛郎和织女每年就隔在这条美丽的星河的两岸，深深凝望对方。

这是一条通往银河系的美丽星路，你也想走下去吗？

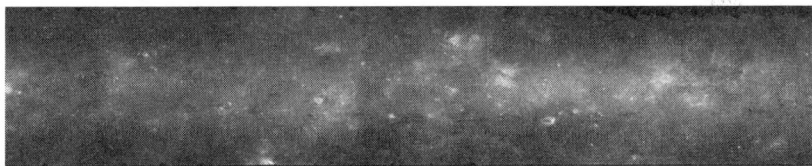

银河系全景图

　　银河系的直径约为100000多光年，中心厚度约为12000光年，总质量是太阳质量的1400亿倍。银河系是一个旋涡星系，具有旋涡结构，即有一个银心和两个旋臂，旋臂相距4500光年。太阳位于银河一个支臂猎户臂上，至银河中心的距离大约是26000光年。

　　银河系是太阳系所在的恒星系统，包括一千二百亿颗恒星和大量的星团、星云，还有各种类型的星际气体和星际尘埃。其中，星云有礁湖星云、北美洲星云等；星团有蝴蝶星团等。

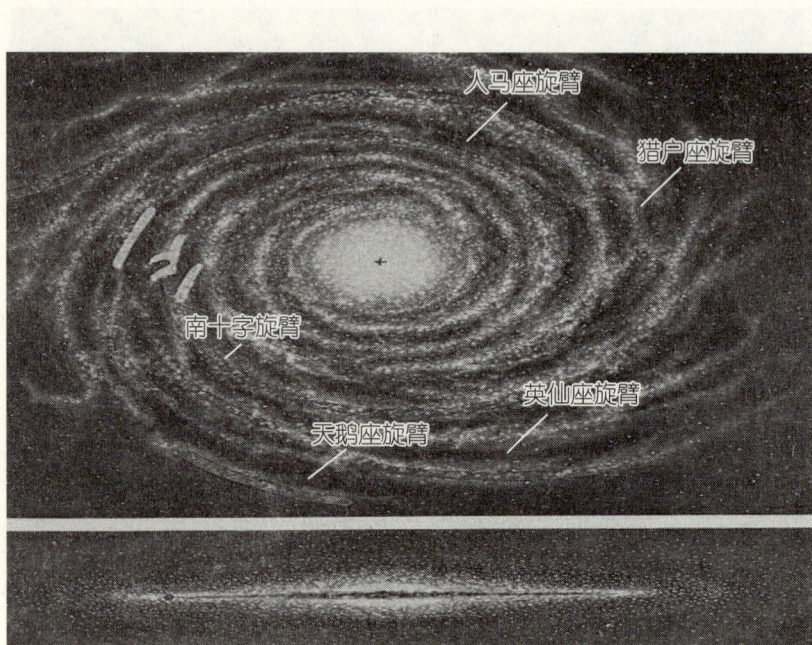

人马座旋臂
猎户座旋臂
南十字旋臂
天鹅座旋臂
英仙座旋臂

银盘
银晕
银心
银珥

银河系的侧视图很像一个铁饼

银心

星系的中心凸出部分，是一个很亮的球状，直径约为两万光年，厚一万光年，这个区域由高密度的恒星组成，主要是年龄大约在一百亿年以上老年的红色恒星，很多证据表明，在中心区域存在着一个巨大的黑洞，星系核的活动十分剧烈。

银盘

它是银河系中，由恒星、尘埃和气体组成的扁平盘。银盘是银河系的主要组成部分，在银河系中可探测到的物质中，有九成都在银盘范围以内。

银晕

银河晕轮弥散在银盘周围的一个球形区域内，银晕直径约为九万八千光年，这里恒星的密度很低，分布着一些由老年恒星组成的球状星团。

银冕

银晕外面物质密度更低的区域，这些冕中的气体可能来自星系喷泉。当这些气体冷却，它们会因为引力的作用进入星系盘内。

银河中的太阳

太阳系在猎户臂靠近内侧边缘的位置上，我们的太阳与太阳系，正位于科学家所谓的银河的生命带。太阳系大约每2.25亿～2.5亿年在轨道上绕行一圈，可称为一个银河年，因此以太阳的年龄估算，太阳已经绕行银河20～25次了。

小风铃探究

The night sky gave a big hint,in the form of a lovely pale band of light that cut across the heavens like a river.

仰望夜空，有一条瑰丽的光带依稀可见，它宛如一条河，将整个苍穹分割为二。

这首美丽的小诗是古希腊人对银河的描述，银河在各个文化中，都被认为是美丽的、传奇的，那么你对银河的传说又了解多少？

之前我们介绍了宇宙的形成假说，不知道你是否还记得？现在我们要探讨太阳系的形成原因，不知道你是否有自己的想法呢？

眼镜爷爷来揭秘

星云假说

星云假说最早是在1755年由康德和1796年由拉普拉斯各自独立提出的。这个理论认为太阳系是46亿年前在一个巨大的分子云的塌缩中形成的。这个星云原本有数光年大小，并且同时诞生了数颗恒星。可能是来自超新星爆炸的震波使太阳附近的星云密度增高，使得重力得以克服内部气体的膨胀压力造成塌缩，因而触发了太阳的诞生。经由吸积作用，各种各样的行星从太阳星云中剩余的气体和尘埃中诞生。

大爆炸形成假说

在大爆炸时期，黑洞的爆炸使其内核及外壳物质在强烈的爆炸中，产生裂变反应，在裂变过程中形成了恒星的幼体。幼体在漫长的岁月中，或同其他恒星合并，或吞噬漫长的旅途中所遇到的残体，不断发展壮大自身，逐渐成为今天的太阳。

二、生命之源——太阳

太阳系的老大

太阳是位于太阳系中心的恒星，它几乎是热等离子体与磁场交织着的一个理想球体。如果地球是一粒米，那太阳就相当于一个小西瓜了。从化学组成来看，太阳质量的大约四分之三是氢，剩下的几乎都是氦。

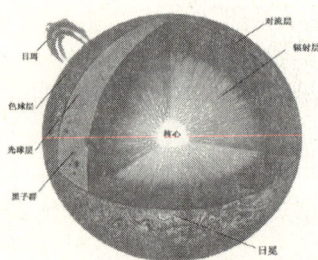

一粒米和一个小西瓜就像地球与太阳的大小关系

太阳表面温度可达五千八百摄氏度左右，如果你靠近太阳表面，马上就会被烧成一堆灰烬。

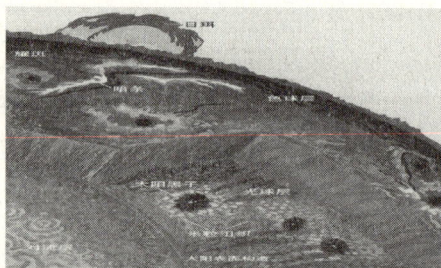

大气层从内到外依次可分为：光球层，色球层和日冕层。

喜怒无常的太阳

太阳看起来很平静，实际上无时无刻不在剧烈地活动。太阳表面和大气层中的活动现象，诸如太阳黑子、耀斑和日冕物质喷发（日珥）等，会使太阳风大大增强，造成许多地球物理现象——例如极光增多、大气电离层和地磁的变化。

太阳黑子

太阳黑子是太阳表面因温度相对较低而显得"黑"的局部区域，黑子一般成群出现在太阳表面，天文学家又将其称为"黑子群"。黑子的形成周期短，形成后几天到几个月就会消失，新的黑子又会产生。

太阳耀斑

太阳耀斑是一种局部辐射突然增加的太阳活动。耀斑的能量主要来自于日冕突然释放的磁能。耀斑出现后可影响地球大气层中的电离层，破坏人类的电磁通讯。

日　珥

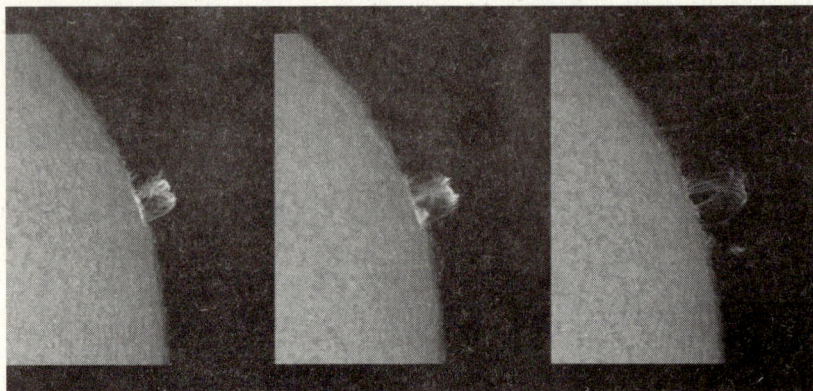

　　日珥通常发生在色球层，它像是太阳面的"耳环"一样。有时太阳表面会突起一股红色的气体，日珥迸发于色球层，又高速返回太阳表层，场面壮观美丽。

三、太阳的邻居——水 星

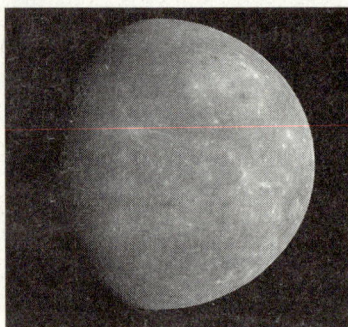

水星概况
公转周期：　87.9693天
自转周期：　58.6462天
水星质量：　3.302×10^{23}公斤
平均半径：　2440 ±1公里

　　水星的表面状况类似月球，有许多凹凹凸凸的陨石坑，大型的悬崖峭壁也十分常见，除了这些构造以外，水星也有比较平缓的平原地区，可能是古代的火山区。水星上的环形山保存得很完好，与月球的环形山相比更平缓。

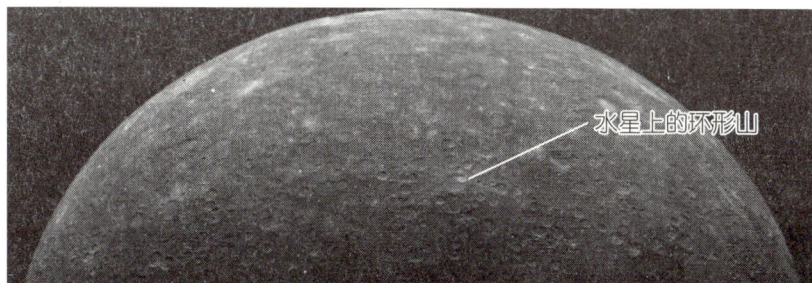

水星上的环形山

奇妙的大千宇宙

卡路里盆地

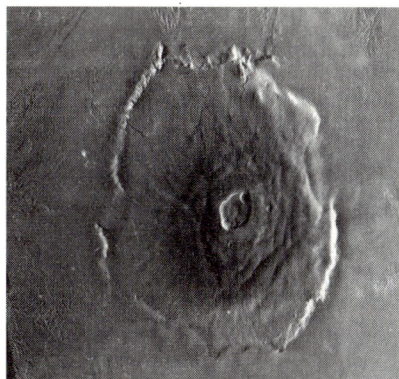

卡路里盆地是水星上最热的盆地，中心在北纬30度、西经195度。盆地周围的山峦高出皱褶的盆地底部达2公里。由于盆地靠近水星180度经度，水星在近日点时运行比较缓慢，阳光直射到这里，因此，卡路里盆地也是太阳系诸行星表面最热的地方。科学家们推测，卡路里盆地是由巨大的撞击形成的。

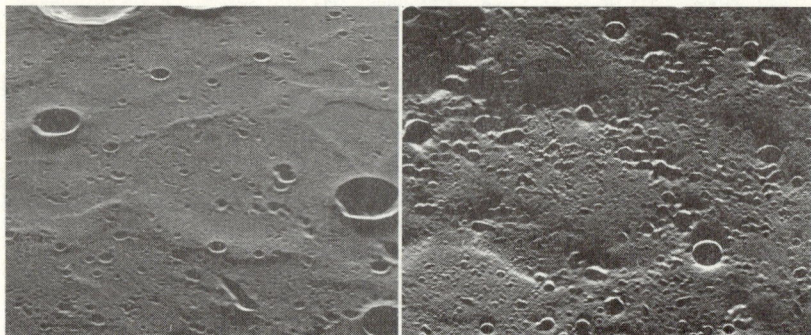

由照片可以看出许多大大小小的坑洞布满了水星整个表面。

水星可能拥有一个很大的内核，内核直径可达水星直径的2/3至3/4。水星就像个铁球一样，而表面的矽酸盐成分只是薄薄的一层外壳。

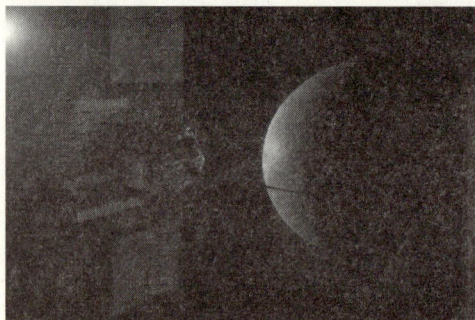

水星大气在水星形成之后，因为本身的引力不够强大，加上高温的影响，还有太阳风的吹拂，原始的大气在短时间内就已经消失殆尽。尽管如此，水星还是有一层由钠和氦组成的极稀薄大气，表面大气压力几近于零。

水星的公转

水星保持相同的一面对着太阳

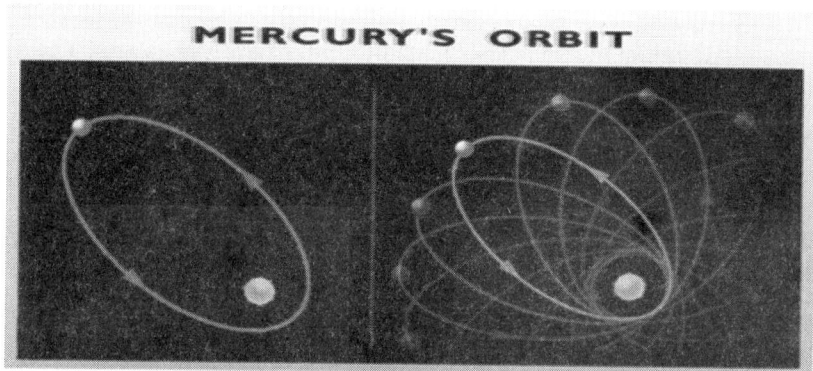

水星的轨道处于不断的变化中

眼镜爷爷来揭秘

为什么在水星上看太阳，太阳的大小是不一样的呢？

我们可以发现水星绕太阳的轨道是一个扁扁的椭圆，在近日点距太阳4600万公里，而在远日点时距太阳7000万公里，所以在水星上看太阳，太阳的大小是很不一样的。

冰与火的世界

高温的世界

水星是距离太阳最近的行星，而且大气很稀薄，所以没有足够的大气阻挡炙热的阳光，到达水星的阳光比赤道要强6倍。最热的时候，水星上的温度可以达到427℃。

冰冷的星球

在水星的北极，太阳始终不会升起，这里永远见不到阳光，温度低达−161℃以下。通过雷达对水星北极区的观测，科学家发现在一些坑洞的阴影处有冰存在的证据。

美国太空网披露的10大水星谜团

谜团1　水星表面有冰？

据地面雷达显示，水星黑暗的陨石坑深处可能有冰。科学家正在尝试分析水星土壤的组成以及水星上是否存在冰。

谜团2　水星背面什么样？

美国宇航局的水手10号探测器探测水星时，仅拍摄到水星不到45%的表面图像。科学家研究其微妙的颜色变化，以探测其表面物质的变化情况。

谜团3　水星为何如此厚重？

水星如此厚重，科学家认为其沉重的核心占其总质量的2/3，且其核心的质量比是地球、金星和火星核心质量比的2倍多。科学家还不知道是什么原因导致了这种难以置信的高浓度核心，但他们表示这可能始于因碰撞而导致外层质量更多的脱落。

谜团4 水星有火山吗？

一个弹坑里还有一个弹坑充满平滑的平原物质，科学家认为这可能源于火山爆发。

谜团5 水星的磁层

研究人员不知道此旋转缓慢的小行星为何周围也有磁场。

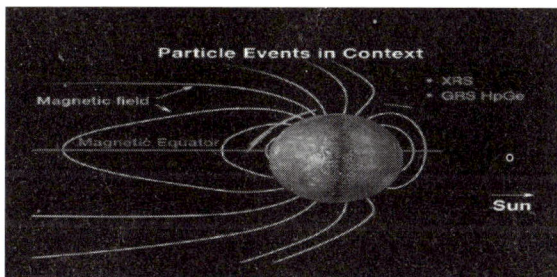

谜团6 水星上"蜘蛛"横行

水星上存在一种特殊的"蜘蛛"地形，科学家不能解释它是如何形成的，但猜测可能与地下火山活动有关，也可能是流星撞击导致的。

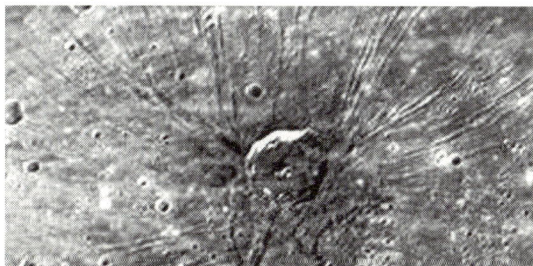

谜团7　水星的体积在缩小？

随着水星内核冻结，科学家猜测这颗行星可能正在收缩。水星表面似乎有从内部延伸出来的无数褶皱，导致出现一条约1.6公里高、数百公里长的巨大悬崖。

谜团8　水星狂暴的历史

此痘疮般的水星表面反映了水星的"伤痕"。水星经常不断地被太空岩石撞击，留下了满目疮痍的弹坑。但水星和月球的弹坑各不相同，其一是水星上的一些弹坑比月球上同等大的弹坑要浅，这表明水星上的一些弹坑是第二次形成的，是一些材料从第一弹坑中转移出来，在附近形成了第二弹坑。

谜团9　尾巴是如何形成的？

科学家不知道是什么制造和形成了水星表面明亮的粒子尾巴。他们认为是太阳风和水星磁场交互作用导致的。

谜团10　水星大气如何产生？

现在科学家还不清楚水星的大气从哪里获得源源不断的补充。研究人员怀疑，水星大气中的氢和氦正是借助太阳风被不断地带到这里。"信使号飞船"将对这颗行星的大气进行近距离观测，以查明水星大气是如何产生的。

水星凌日

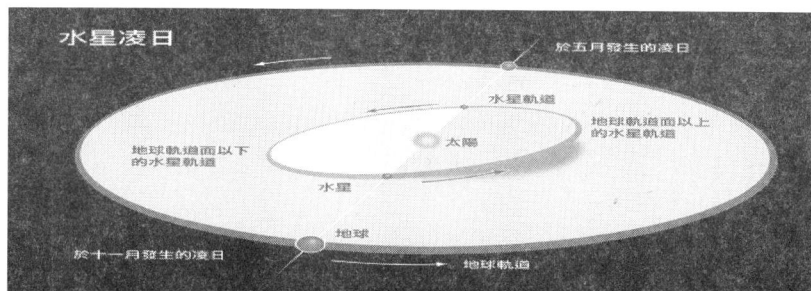

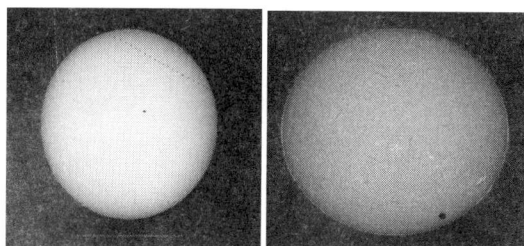

只有当水星和地球两者的轨道处于同一个平面上，而日水地三者又恰好排成一条直线时，在地球上可以观察到太阳上有一个小黑斑在缓慢移动，这种现象称为水星凌日。小黑斑是由于水星挡住了太阳射向地球的一部分光而形成的。

四、存在温室效应的金星

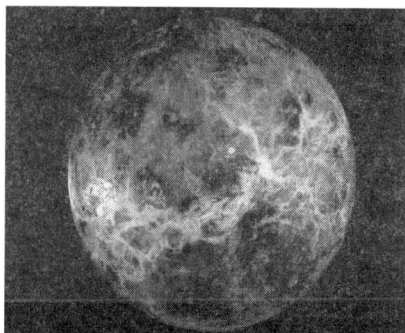

金星概况
公转周期：224.701天
自转周期：243.01日
金星质量：4.869×10^{24}公斤
赤道直径：12103.6公里

金星的自转周期长于公转周期，所以，在金星上的"一天"比"一年"还要长。在一个金星年中，金星上只能看到两次太阳西升东落。

初探金星

温室效应

金星的大气层厚重浓密而奇特，其主要成分为二氧化碳，约占97%以上，因此导致金星上的"温室效应"极其强烈。温室效应使金星表面温度高达465℃至485℃，且基本上没有地区、季节、昼夜的差别。它还造成金星上的气压很高，约为地球的90倍。浓厚的金星云层使金星上的白昼朦胧不清，这里没有我们熟悉的蓝天、白云，天空是橙黄色的。由于金星盖着厚厚的"棉被"，所以金星上的昼夜温差并不大。

眼镜爷爷来揭秘

温室效应

温室效应是指透射阳光的密闭空间由于与外界缺乏热交换而形成的保温效应。阳光可以照射进去，地表吸热却不能散发出来。

别让地球成为第二颗金星

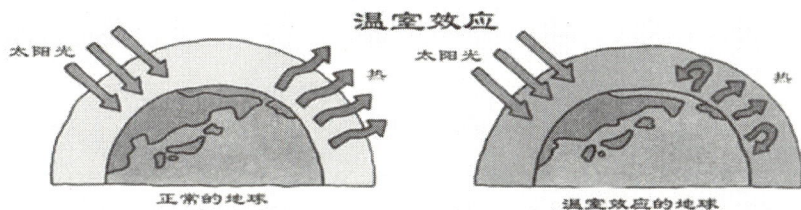

温室效应

正常的地球　　　　　　温室效应的地球

　　地球也处于这样的困扰之中，人类砍伐了大量森林，使地球出现了大面积的沙漠，导致地球气候变热。特别是近100年里，随着工业的发展，每年要烧掉几十亿吨的煤炭和石油，使地球大气中的二氧化碳增加了25%～30%。如果长此下去，不采取措施，毫无疑问地球也会成为一个"失控的温室"，最终成为金星一样的炼狱。因此清洁空气、保护环境，不让地球步金星的后尘，已成为全人类共同的呼声。

糟糕的天气

　　金星上有浓硫酸组成的厚厚的云，金星大气层中有频繁的闪电和雷暴，曾经记录到的最大一次闪电持续了15分钟。

金星的地貌

金星上的大峡谷

由于浓密大气的保护，金星的地势比较平坦。金星上70％是起伏不大的平原，20％是低洼地，还有10％左右的高地。其面积最大的高原比青藏高原还大两倍，最高的山峰达10590米，比珠穆朗玛峰还高。一条从南向北穿过赤道的长达1200公里的大峡谷，是九大行星中最大的峡谷。

火山密布

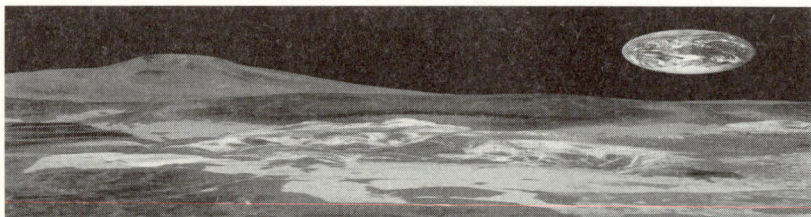

金星表面火山及火山活动为数很多，至少85％的金星表面覆盖着火山岩。除了几百座大型火山外，在金星表面还零星分布着100000多座小型火山。从火山中喷出的熔岩流产生了长长的沟渠，范围大至几百公里，其中最长的一条超过7000公里。

神奇的金星

金星自转方向是自东向西，与地球相反。因此，在金星上看，太阳是西升东落。地球上的人常说"太阳从西边出来了"比喻某人做梦，在金星上这就成为了现实，金星真是太阳的"蒙面逆子"啊！

科学家推断金星逆向自转现象有可能是很久以前金星

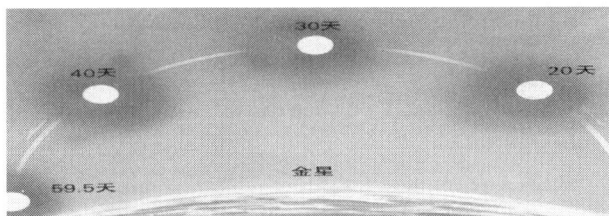

太阳真的从西边出来了！

与其他小行星相撞而造成的，当然，这种说法现在还无法得到证实。除了这种不寻常的逆行自转以外，金星还有一点不寻常。金星的自转周期和轨道是同步的，这么一来，意味着金星总是以同一个面来面对地球。

金星的位相变化

金星也像月球一样会出现周期性的圆缺变化，金星与月球一样，本身并不发光，金星的光辉来自金星表面反射的太阳光。这是由于金星、地球和太阳的相对位置在不断变化，从地球上看到的金星被太阳照亮的部分有时多些有时少些，这就叫位相变化。

金星的位相

金星凌日

当金星运行到太阳和地球之间时，我们可以看到在太阳表面有一个小黑点慢慢穿过，这种现象称为"金星凌日"。

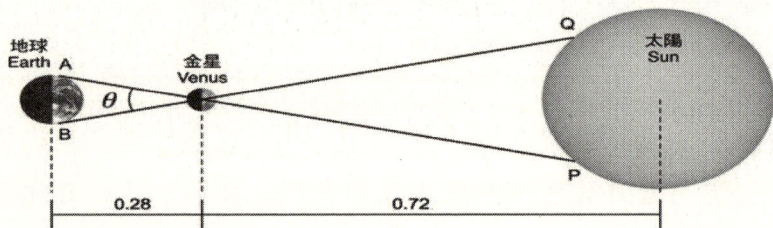

地球
Earth A
θ
B
金星
Venus
Q
P
太陽
Sun
0.28   0.72

奇妙的大千宇宙

这是日本著名摄影家藤井旭于1989年12月2日拍摄的月掩金星，其实就是一次"金星食"，即从地球看去，月球刚好把金星遮掩起来的特殊天象。此次金星食是东南亚地区在上世纪看到的最后一次。

五、生命之谜——火星

火星概况
公转周期：687天
自转周期：24小时37分
火星质量：6.4219×10^{23}公斤
赤道直径：6794公里

初探火星

火星大气很薄

火星的大气密度只有地球的大约1%，非常干燥，温度低，表面平均温度零下55℃，水和二氧化碳易冻结。

奇妙的大千宇宙

火星风暴

火星上每年都会刮起特大的风暴，这是在火星上发生的独特现象。火星上每秒的风速可达地球上台风的两倍。因此，在火星上每年都有四分之一的时间是漫天黄沙狂舞的。

从太空可看到一片褐色尘云旋转、移动。而这些区域性尘暴

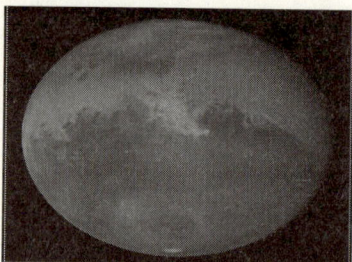

有些甚至发展成全球性尘暴，将整个星球笼罩在橘雾之下。"水手9号"到达火星的时候，火星被全球性尘暴遮住而无法观测。

火星地形地貌

火星和地球一样拥有多样的地形，有高山、平原和峡谷，火星基本上是沙漠行星，南北半球的地形有着强烈的对比；火山地形穿插其中，众多峡谷亦分布各地，南北极则有以干冰和水冰组成的极冠，风成沙丘亦广布整个星球。而随着卫星拍摄的越来越多，更发现很多耐人寻味的地形景观。

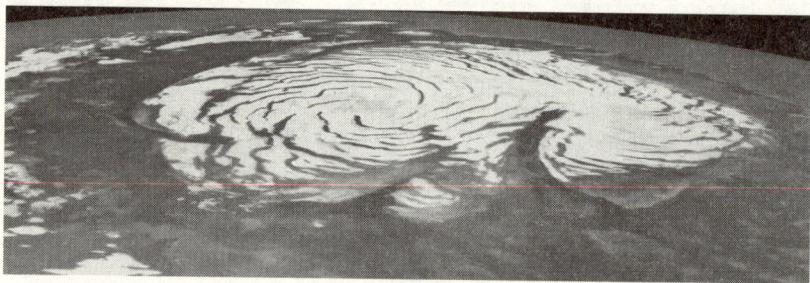

火星极地峡谷

火星的两极永久地被固态二氧化碳（干冰）覆盖着。这个冰罩的结构是层叠式的，在北部的夏天，二氧化碳完全升华，留下剩余的冰水层。由于南部的二氧化碳从没有完全消失过，所以我们无法知道在南部的冰层下是否也存在着冰水层。

　　陨石坑是行星、卫星、小行星或其他天体表面通过陨石撞击而形成的环形的凹坑。陨石坑的中心往往会有一座小山，在地球上陨石坑内常常会充水，形成撞击湖，湖心有一座小岛。

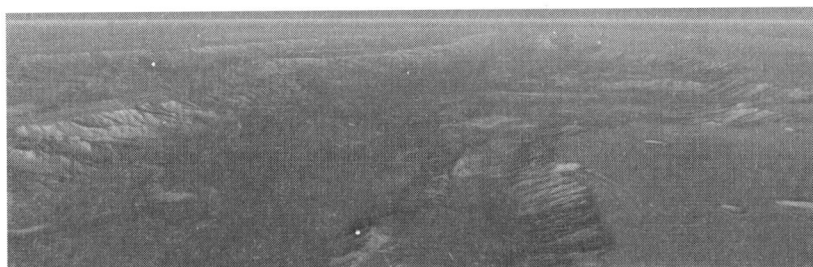

壮观的火星地表形态

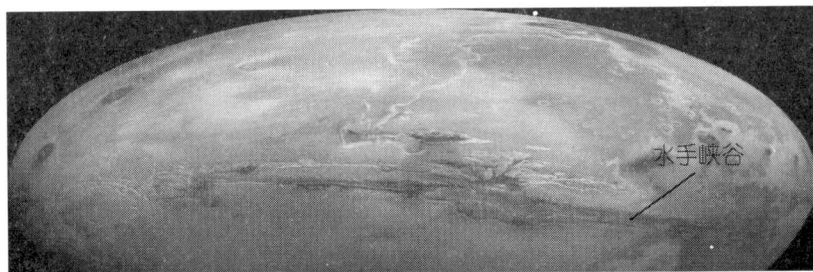

水手峡谷

　　太阳系最大的峡谷将火星的脸划出一道宽大的割痕。名为水手峡谷的雄伟山谷前后延展了超过3000公里，最宽处超过600公里，而往下约刨了8公里深。

美国宇航局火星勘测轨道飞行器（MRO）上的雷达已探测到火星岩石堆下有巨大的古老冰川，这可能是先前冰河时代覆盖火星的大冰原的残存冰。

奇妙的大千宇宙

太阳系最高火山

奥林帕斯山是太阳系最高的火山，它位于火星上。奥林帕斯山火山口深约3公里，奥林帕斯山高26公里，平均高度22公里，是珠穆朗玛峰的三倍。它的外形如同一个巨大的盾牌，奥林帕斯山底部的面积比英国还大，顶上的火山口能容纳两个伦敦还绰绰有余。奥林帕斯山总是位于活火山区，而且数百万年来一直在增大。

火星卫士

火卫一和火卫二

它们不可能是由纯岩石组成的，因为它们的密度太低了。它们很可能是由岩石与冰的混合物组成的，并且它们都有很深的地壳坑。

火卫二和火卫一是由富含碳的岩石组成的，并且它们都有很深的地坑。火卫二和火卫一可能是由于小行星的扰动与木星的作用才使它们围着火星运动的。但是到目前为止，还没有一个令人满意的理论来解释火卫二和火卫一为什么会绕着火星旋转。

探索火星生命

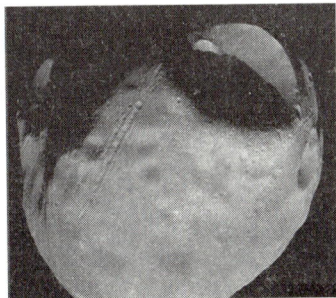

千百年来，人们一直在寻找火星生命之谜。随着研究的展开，越来越多的人相信，火星有可能成为第二个地球。

环球探测者号

2000年12月4日，美国航空航天局发布了一张由火星"环球探测者号"卫星拍摄的火星沉积岩照片。有关专家就此判断，数十亿年前，火星上曾有湖泊存在，在这里或许能找到生命遗迹。

"勇气号"的任务

寻找火星上可能存在的生命，这就是"勇气号"的任务。

勇气号对一块名为"哈姆佛雷"的岩石进行钻孔，然后用机械臂上的显微成像仪对其进行了观测。科学家在分析岩石内的矿物质成分后认为，在岩石形成过程中或者岩石刚刚形成之初，曾经有水渗入岩石中，矿物质随水分进入岩石中形成结晶并留在岩石内部。

"哈姆佛雷"岩石

眼镜爷爷来揭秘

难道火星上真的有生命存在吗？

外星人曾造访过火星留下机械残片？

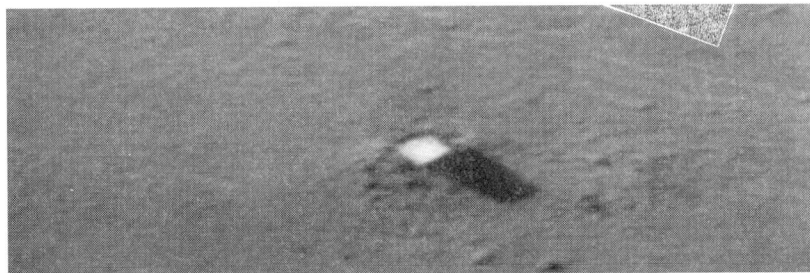

这是貌似建筑的物体吗？

真不敢相信自己的眼睛，难道那真的是"火星人"吗？

六、液态行星——木星

木星概况
公转周期：约11.86年
自转周期：9小时50分30秒
木星质量：1.90×10^{27}公斤

初探木星

木星是一个巨大的液态行星，最外层是木星的大气。随着深度的增加，氢逐渐过渡为液态。在离木星大气云顶一万公里处，液态氢在高压和高温下成为液态金属氢。据推测，木星的中央是一个由硅酸盐岩石和铁组成的核，其质量约是地球质量的10倍。

木星内部的液态物质层面，这里的压强高达多少万亿千帕？这里比金星表面还地狱。

气态行星

根据伽利略探测器发回的数据绘制的木星大气图像

木星大气大部分是氢和氦，比例大约是10：1。木星大气含有相当复杂的组成和化学性质，除非能够向木星大气中发射一枚探测器，否则对木星的大气唯有充分的了解。

木星上的大胎记

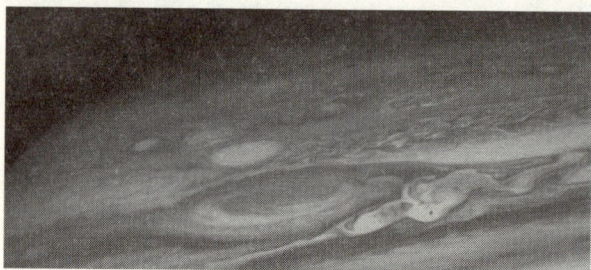

木星大红斑

通过天文照片，我们可以发现，木星上有一个大大的胎记，人们把它称为木星的大红斑。这个斑记大得足以圈下三个地球。1660年人们对这块大红斑作了首次描述，这么多年来，人们一直在观察它。它已经改变了颜色和形状，但它却从来没有完全消失过。目前普遍认为，它是木星上层大气中一次持久的风暴。

木星光环

木星光环比较弥散，远逊于土星的环。由亮环、暗环和晕三部分组成。亮环在暗环的外边，晕为一层极薄的尘云，将亮环和暗环整个包围起来。

快速转动的星球

云带成因是木星自转速度很快

木星的云带相间分布十分明显，尤其是在赤道附近。这是因为木星快速自转，而浓密厚重的大气转动速度就滞后了很多，巨大的离心力把大气分成了平行的云带。

木星的卫士

木星拥有超过66颗已经确认的天然卫星，是太阳系中拥有最多卫星的行星，这些卫星根据罗马神话被命名为诸神之王宙斯的各位情人、倾慕者和女儿。其中靠近内侧的地方有4颗特别大。

从左至右，与木星距离近至远为：木卫一、木卫二、木卫三、木卫四

木星的四大卫星

奇妙的大千宇宙

木卫六的世界

在木星的卫星上所看到的木星

木卫一的日出，同时木卫一的火山还在爆发，远方的太阳在这里是如此的袖珍。

木卫四上看木星日食的过程。

七、戴着美丽大草帽的土星

土星概况

土星的一年就是上万天

土星运动相当慢，公转一周大概需要29.58年，所以，土星上的一年就有上万天。

密度小

不要看土星体积这么庞大，它的质量实际并不大。土星的平均密度比水还要小，每立方厘米仅0.7克，如果你把它放在水里，土星会像一个皮球一样浮在水面上。

土星大红斑

旅行者号探测器发现土星也有一个大红斑，长8000公里，宽6000公里，比木星的小许多。它可能是由于土星大气中上升气流重新落入云层时引起扰动和旋转而形成的。

土星的大草帽

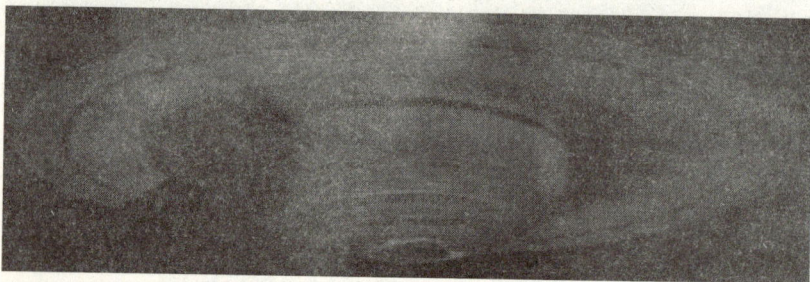

土星的光环在望远镜中十分引人注目，这个光环实际上是由无数直径在7厘米至9米之间的小冰块组成。天文学家认为这些小冰块的来源是土星卫星向其撞击形成的，土星的潮汐引力将土卫的外层冰壳剥离开来，在冰层脱离之后，土星的引力将这颗卫星越拉越近，并最终撞向土星。

NASA公布的土星及其光环图

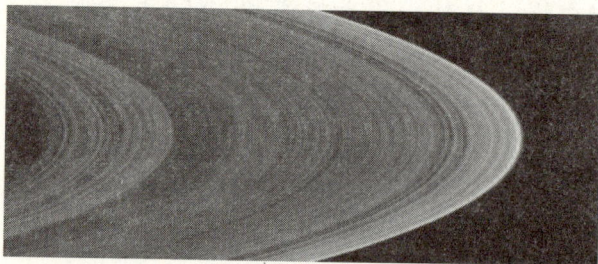

土星光环的紫外光谱图片。

土星的卫星

现今发现的土星卫星有60多个，卫星系统是太阳系中最庞大的。其中，土卫六是土星卫星系统中最大的卫星，并且是太阳系中居第一位的大卫星，比最靠近太阳的水星还大，而土卫九是逆行卫星。

土卫一　　土卫二　　　土卫三　　　　　　土卫四
土卫五　　　　土卫七　　　土卫八　　　土卫九

奇妙的大千宇宙

土卫六的世界

土卫六上的沙漠是无数冰粒夹杂组成的一片荒漠

在土卫六上看土星，是一片橙色的世界

这是土卫六上的甲烷湖

八、躺着的天王星

天王星概况
公转周期：约84年
自转周期：15.5小时
天王星质量：$8.6810 \pm 13 \times 10^{25}$公斤

天王星概况

躺着的行星

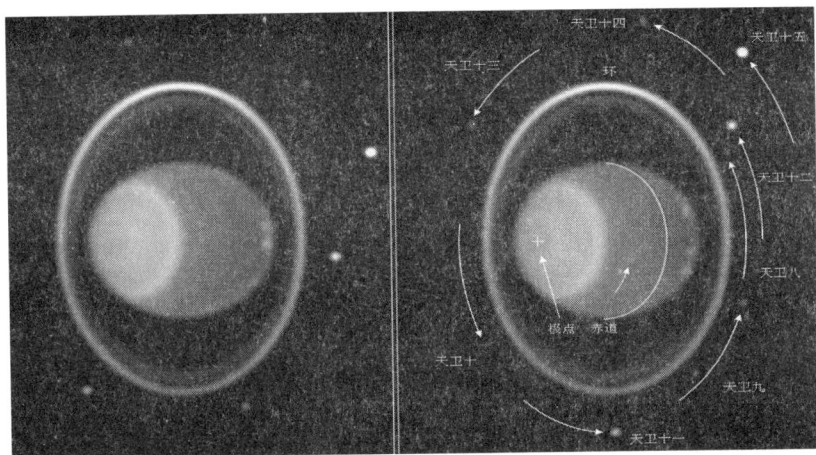

　　天王星的自转轴是躺在轨道平面上的，这使它的季节变化完全不同于其他的行星。其他行星的自转轴相对于太阳系的轨道平面都是朝上的，天王星的转动则似在公转轨道上不停转动的车轮。

　　当天王星在冬至日和夏至日前后时，一个极点会持续地指向太阳，另一个极点则背向太阳。只有在赤道附近狭窄的区域内可以体会到迅速的日夜交替，其余地区则全是白天或黑夜，没有日夜交替。

暴风星球

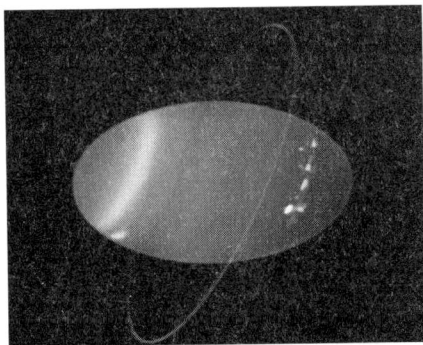

　　图片上的亮斑是天王星大气层中爆发的风暴。天王星旋转轴倾角达到98度，因此其表面出现极端的气候也不足为奇。天王星的风速可达到900公里每小时，有时雷暴可持续几个月。

九、风暴海王星

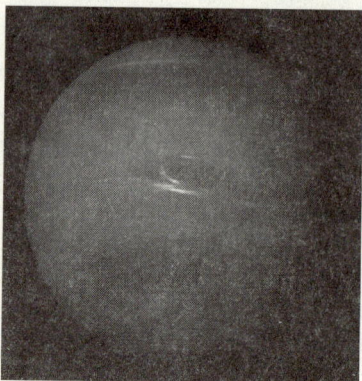

海王星概况
公转周期：约164.8个地球年
自转周期：15小时57分59秒
天王星质量：1.0243×10^{26}公斤

最剧烈的大气

海王星的大气有太阳系中的最高风速，在海王星上有极为剧烈的风暴系统，其风速可达2100公里。在赤道带区域，更加典型的风速能达到大约1200公里。这是什么概念呢？比如说，我们地球的最大风速为12级风，约每小时118公里，海王星上至少是地球风速的十多倍。

海王星大黑斑

在之前类木行星上都发现了大块的斑状物，它们都是行星上的暴风地，海王星也不例外。1989年，美国航空航天局的旅行者2号航天器发现了大黑斑，它是一个相当于欧亚大陆大小的飓风系统。

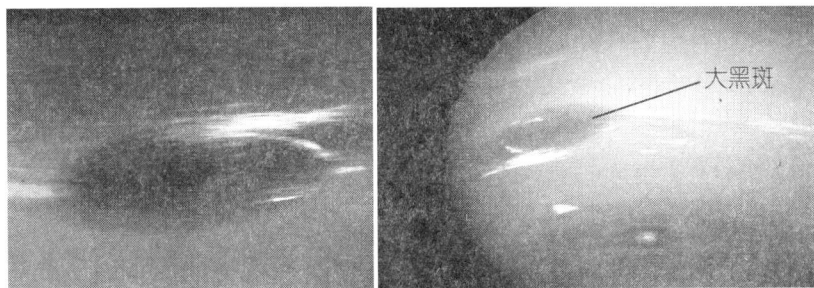

大黑斑

旅行者2号拍到的大黑斑

十、降级的行星——矮行星

2006年8月24日的布拉格阳光灿烂，但在布拉格的国际会议中心，却似乎可以闻得到火药味。当地时间24日14时，第26届国际天文学联合会大会举行闭幕会议，2500多名来自世界各国的天文学家对行星定义决议草案进行投票表决。位居太阳系九大行星末席70多年的冥王星，自发现之日起地位就备受争议。经过天文学界多年的争论以及本届国际天文学联合会大会上数天的争吵，冥王星终于"惨遭降级"，被驱逐出了行星家族。从此之后，这个游走在太阳系边缘的天体将只能与其他一些差不多大的"兄弟姐妹"一道被称为"矮行星"。

智慧卡片

根据第26届国际天文学联合会大会通过的新定义，"行星"指的是围绕太阳运转、自身引力足以克服其刚体力而使天体呈圆球状、并且能够清除其轨道附近其他物体的天体。因此，太阳系行星包括水星、金星、地球、火星、木星、土星、天王星和海王星。

根据新定义，同样具有足够质量、呈圆球形，但不能清除其轨道附近其他物体的天体被称为"矮行星"。冥王星是一颗矮行星。其他围绕太阳运转但不符合上述条件的物体被统称为"太阳系小天体"。

冥王星

公转轨道

冥王星的轨道面倾斜得十分厉害，轨道看起来也更扁，当冥王星位于近日点时，海王星就成了离太阳最远的行星。

因为远离太阳，所以冥王星是一个寒冷的世界，它的低温可达零下238℃。因此，冥王星的大气十分稀薄，物质几乎都因为低温凝固起来，成为冥王星表面的一部分。

十一、太阳系的亮丽光环——小行星带

小行星带是太阳系内介于火星和木星轨道之间的小行星密集区域。

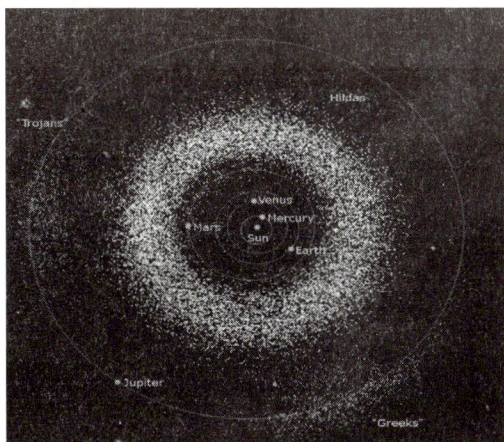

智慧卡片

小行星是太阳系内类似行星环绕太阳运动，但体积和质量比行星小得多的天体。小行星是太阳系形成后的物质残余。有一种推测认为，它们可能是一颗神秘行星的残骸，这颗行星在远古时代遭遇了一次巨大的宇宙碰撞而被摧毁。至今为止在太阳系内一共发现了约70万颗小行星，但这可能仅是所有小行星中的一小部分。

十二、拖着尾巴的彗星

彗星是太阳系中一种特殊的天体，当它出现在夜空时，看起来像一把扫帚似的横挂在天上，所以民间又叫扫帚星。古人不了解彗星的本质，误以为彗星的出现是神或上帝要惩罚人类，是灾祸的预兆，对它充满了恐惧心理。

眼镜爷爷来揭秘

彗星的起源是个未解之谜，天文学家们一直众说纷纭，提出了很多说法。

有人提出，在太阳系外围有一个特大彗星区，那里约有1000亿颗彗星，叫奥尔特云，由于受到其他恒星引力的影响，一部分彗星进入太阳系内部，又由于木星的影响，一部分彗星逃出太阳系，另一些被"捕获"成为短周期彗星；也有人认为彗星是在木星或其他行星附近形成的；还有人认为彗星是在太阳系的边远地区形成的；甚至有人认为彗星是太阳系外的来客。

彗星轨迹

彗尾总是
背向太阳

驶向太阳，
彗尾渐长

临近太阳时，
彗尾最长

驶离太阳，
彗尾最短

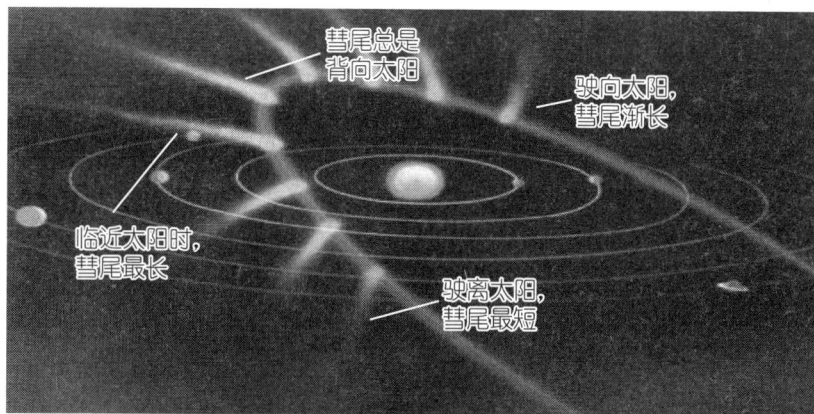

1680年出现的大彗星的轨道周期

考考你

彗星分为周期彗星与非周期彗星，你猜得出它们的区别吗？

周期彗星

短周期彗星

回归太阳系的周期在200年以下的彗星就是短周期彗星，它们的远日点分布在冥王星周围一个叫做柯伊伯带的区域内。

哈雷彗星

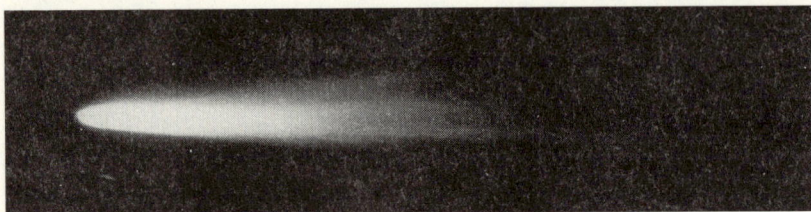

哈雷彗星是最著名的短周期彗星，每隔75或76年就能从地球上看见，它是唯一能用裸眼直接从地球看见的短周期彗星，也是人一生中唯一可能以裸眼看见两次的彗星。

长周期彗星

回归太阳系的周期在200年以上甚至更长时间的彗星就是长周期彗星，它们的远日点分布在一个叫做奥尔特云的离太阳系很远的区域内。

海尔·波普彗星

海尔·波普彗星是20世纪出现的最亮的彗星。这颗彗星的回归周期长达2004年。

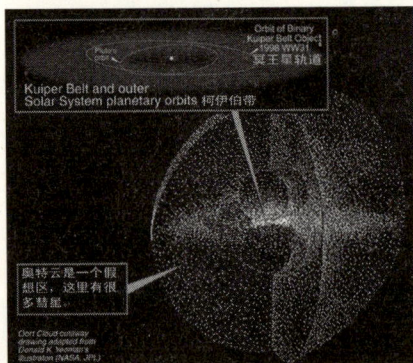

非周期彗星

轨道为抛物线或双曲线的彗星，其终生只能接近太阳一次，而一旦离去，就会永不复返，称为非周期彗星。这类彗星不是太阳系成员，它们只是来自太阳系之外的过客，无意中闯进了太阳系，而后又义无反顾地回到茫茫的宇宙深处。

麦克诺特彗星

麦克诺特彗星来自非常遥远的奥尔特云，经过上百万年的长途跋涉，于2007年1月12日飞近太阳，随后又飞回遥远的奥尔特云，不再回归。

十三、一起来看流星雨

火流星

火流星看上去非常明亮，像条闪闪发光的巨大火龙，发着"沙沙"的响声，有时还有爆炸声。有的火流星甚至在白天也能看到。

火流星与流星余迹

流星雨

狮子座流星雨

泰国曼谷（2002年11月19日狮子座流星雨）

日本富士山（2002年11月19日狮子座流星雨）

狮子座流星雨从狮子座方向迸发出来，狮子座流星雨产生的原因是由于存在一颗叫坦普尔·塔特尔的彗星，由于坦普尔·塔特尔彗星的周期为33.18年，所以狮子座流星雨是一个典型的周期性流星雨，周期约为33年。

第五章　蔚蓝的生命摇篮

地球是生命的家园，

是至今所知唯一一个拥有生命的星球。

地球与我们的生活息息相关。

然而，你又对它有多少了解呢？

一、宇宙中的地球

地球诞生

小风铃探究

　　我们现在生活中接触到的黄金、白金以及一些其他贵重金属都是来自远古时期的陨石。科学家在对早期地壳形成课题的研究过程中，发现这些元素是后来"添加"上去的，这就说明，来自外太空的陨石是黄金等贵重元素的主要来源，它们甚至也带来了水和其他生命的必备因素。

　　那么，陨石对地球的撞击，其意义就非同小可了，你们有什么看法呢？

撞击说

　　一个说法认为在地球演化过程中，曾受到无数彗星和小行星的碰撞，在彗星和小行星上存在无生命的有机物，这些有机物后来可能演化成蛋白质，再逐渐演化成生命。撞击带来了什么？通过相关的研究表明，在38亿年至40亿年前的原始地球上，受到不同寻常的大量陨石撞击，从而在早期地壳中"嵌入"了我们今天所喜欢的闪亮金属，这些金属在地球地质演化的过程中，随着时间的推移被吸收到现代地幔中。

星云形成

大约在50亿年前，银河系里弥漫着大量的星云物质。它们因自身引力作用而收缩，在收缩过程中产生的旋涡使星云破裂成许多"碎片"。其中，形成太阳系的那些碎片，就称为太阳星云。太阳星云中含有不易挥发的固体尘粒，这些尘粒相互结合，形成越来越大的颗粒环状物，并开始吸附周围一些较小的尘粒，从而使体积日益增大，逐渐形成了地球星胚。地球星胚在一定的空间范围内运动着，并且不断地壮大自己。于是，原始地球就形成了。原始地球经过不断的运动与壮大，最终形成了今天的模样。

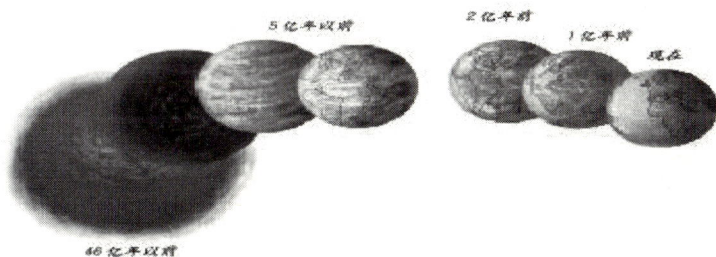

地球形成示意图

宇宙中的地球

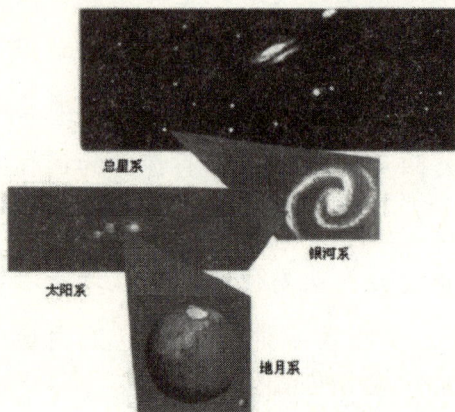

总星系 银河系 太阳系 地月系

总星系是最高一级的宇宙单位，银河系是总星系的一部分。在总星系中，有千千万万银河系这样的星云，太阳系就位于银河系。我们的位置似乎显得不那么特殊。然而，地球又是特殊的。虽然地球只是总星系中亿亿万万星体中的一个。

智慧卡片

通常把我们观测所及的宇宙部分称为总星系。也有人认为，总星系是一个比星系更高一级的天体层次，它的尺度可能小于、等于或大于观测所及的宇宙部分。

总星系并不是一个具体的星系，也不像本星系群、本超星系团那样的天体系统，而是指用现有的观测手段和方法，能被人们观测和探测到的全部宇宙间范围。

如果有一天你突然收到一封来自河外星系的信，你觉得地址一栏会是怎样写的呢？

二、划分地球

地球是太阳系从内到外的第三颗行星，也是太阳系中直径、质量和密度最大的类地行星。赤道半径为6378.2公里，其大小在行星中排第五位。地球表面的71%被水覆盖，其余部分是陆地，是一个蓝色星球。地球诞生于45.4亿年前，而生命诞生于地球诞生后的10亿年内。从那以后，地球的生物圈改变了大气层和其他环境，使得需要氧气的生物得以诞生，也使得臭氧层形成。臭氧层与地球的磁场一起阻挡了来自宇宙的有害射线，保护了陆地上的生物。地球是包括人类在内上百万种生物的家园，也是目前人类所知宇宙中唯一存在生命的天体。

地球有一颗天然卫星月球围绕自己并以27.32天的周期旋转，而地球自西向东旋转，以近24小时的周期自转并且以一年的周期绕太阳公转。

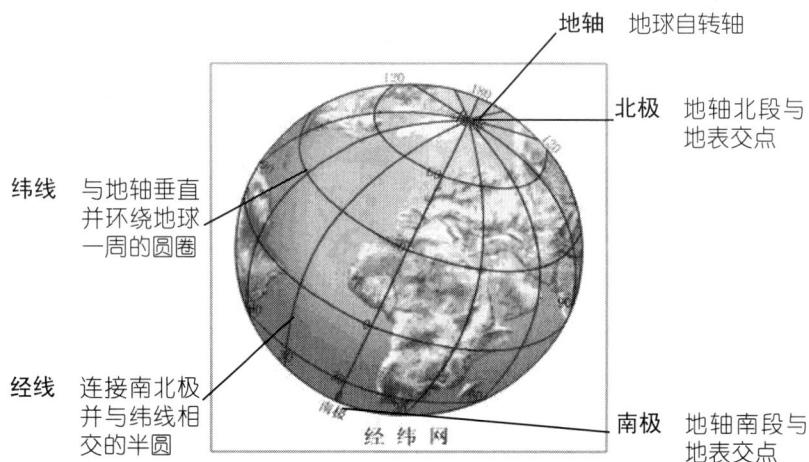

经纬网

131

经度的划分

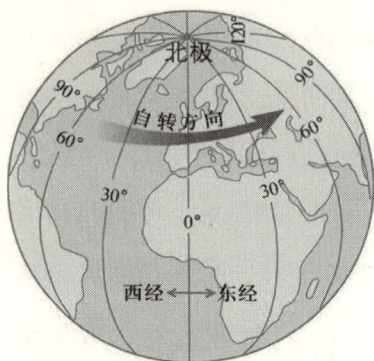

经度是地球上一个地点离一根被称为本初子午线的南北方向走线，以东或以西的度数。本初子午线的经度是0°，地球上其他地点的经度是向东到180°或向西到180°。在本初子午线以东的经度叫东经，在本初子午线以西的叫西经。东经用"E"表示，西经用"W"表示。

纬度的划分

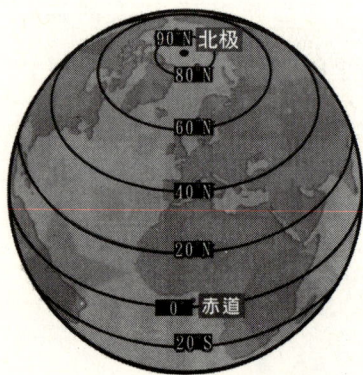

赤道，叫做0°纬线，是最长的纬线圈。从赤道向北度量的纬度叫北纬，用"N"表示；向南的叫南纬，用"S"表示。南、北纬各有90°。北极点是北纬90°，南极点则是南纬90°。

怎么知道你在哪

在地球仪上或地图上，经线和纬线相互交织，就构成了经纬网。利用它上面标注的经度和纬度，可以确定地球表面上各地点、各地区和各种的地理位置。它在军事、航空、航海等方面很有用处。

三、 地球的"外衣"

大气圈

地球的外围因为重力作用包围了一层气体，它就像地球的外衣一样，为地球阻挡了许多可能的外来伤害。

智慧卡片

大气圈，是因重力关系而围绕着地球的一层混合气体，是地球最外部的气体圈层，包围着海洋和陆地，大气圈没有确切的上界，地球大气的主要成分为氮、氧、氩、二氧化碳和不到0.04%比例的微量气体。

火山的喷出物形成原始的地球大气。
大气带来降水，于是水圈也因此产生。

我们生活的大气层——对流层

对流层是地球大气层靠近地面的一层。它同时是地球大气层里密度最高的一层，它蕴含了整个大气层约75%的质量，以及几乎所有的水蒸气及气溶胶。

气溶胶：液态或固态微粒在空气中的悬浮体。

对流层的各种天气变化影响着生物的生存和行为，对流层是大气层中与人们生活和生产关系最密切的一层。

眼镜爷爷来揭秘

为什么不同纬度大气层的厚度不相同呢？

对流层厚度与大气对流运动的强度有关，由于对流层的热量主要来自地面，所以对流层的厚度随纬度而变化：

低纬地区　受热多，气温高，对流旺盛，对流层厚度大，可达17～18公里；

高纬地区　受热少，对流运动弱，对流层厚度小，只有8～9公里；

中纬地区　对流层厚度大约10～12公里。另外同一地区，夏季对流层厚度大于冬季。

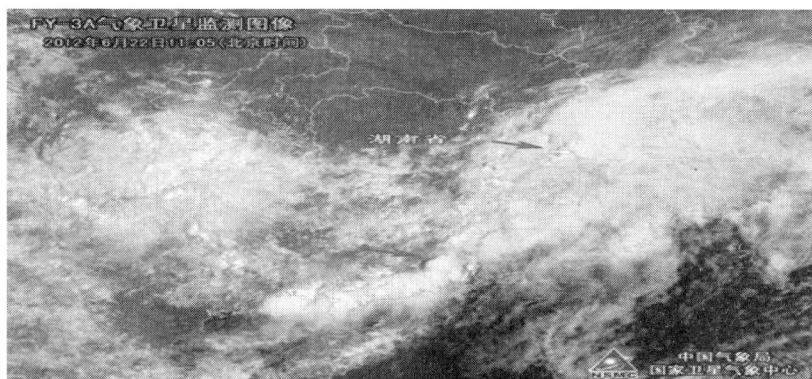

国家气象局发布的气象云图

小风铃探究

有时人们会渐渐感到空气越来越污浊，如果地面层空气湿度较大，则浓雾遮天蔽日，空气污染更加严重，对人体健康构成威胁。所有这些，多是由于大气结构出现"逆温"现象的结果。

我们已经知道在对流层，随高度的升高气温是下降的，那么，什么是"逆温"现象呢？

智慧卡片

在某些天气条件下，地面上空的大气结构会出现气温随高度增加而升高的反常现象，"头轻脚重"从而导致大气层结构稳定，难以对流，气家学家称之为"逆温"，发生逆温现象的大气层称为"逆温层"。它像一层厚厚的被子罩在我们城乡上空，上下层空气减少了流动，近地面层大气污染物"无路可走"，只好原地不动，越积越多，空气污染势必加重。

智斗赛诸葛

"逆温"是对流层温度的"头轻脚重"，那为什么会产生逆温呢？去查查资料然后分享给你的朋友亲人吧！

平静的平流层

平流层夹于对流层与中间层之间。平流层之所以与对流层相反，随高度上升而气温上升，是因为其顶部吸收了来自太阳的紫外线而被加热。故在这一层，气温会因高度上升而上升。

考考你

平流层的顶部为什么可以吸收紫外线呢？答案你一定很熟悉。

答案就是臭氧层，你知道吗？臭氧层是指大气层的平流层中臭氧浓度相对较高的部分，其主要作用是吸收短波紫外线。

正是因为平流层中臭氧层的存在，来自宇宙可能对人类及动植物造成伤害的紫外线才得以吸收。因此，平流层被称为地球生命的保护伞。

小风铃探究

臭氧层成为地球一道天然屏障，使地球上的生命免遭强烈的紫外线伤害。然而，近10多年来，地球上的臭氧层正在遭到破坏。臭氧层被大量损耗后，吸收紫外线辐射的能力大大减弱，导致到达地球表面的紫外线明显增加，给人类健康和生态环境带来多方面的危害。为什么臭氧会受到破坏，对于这一现象我们又能做些什么呢？

眼镜爷爷来揭秘

臭氧层被破坏的原因

对于大气臭氧层破坏的原因，科学家中间有多种见解。但是大多数人认为，人类过多地使用氯氟烃类化学物质是破坏臭氧层的主要原因。氯氟烃是一种人造化学物质，1930年由美国的杜邦公司投入生产。在第二次世界大战后，尤其是进入20世纪60年代以后，开始大量使用。

平流层除了有臭氧层外，还有一个特点就是空气以平流运动为主，而不像对流层是对流。

平流层大气的特点

高层大气

中间层

中间层又称中层。自平流层顶到85公里之间的大气层。中间层空气稀薄，大气密度很小，空气以对流为主。

热层

热层是指中间层顶（约85公里）至250公里（在太阳宁静期）或500公里左右（太阳活动期）之间的大气层，又称暖层。

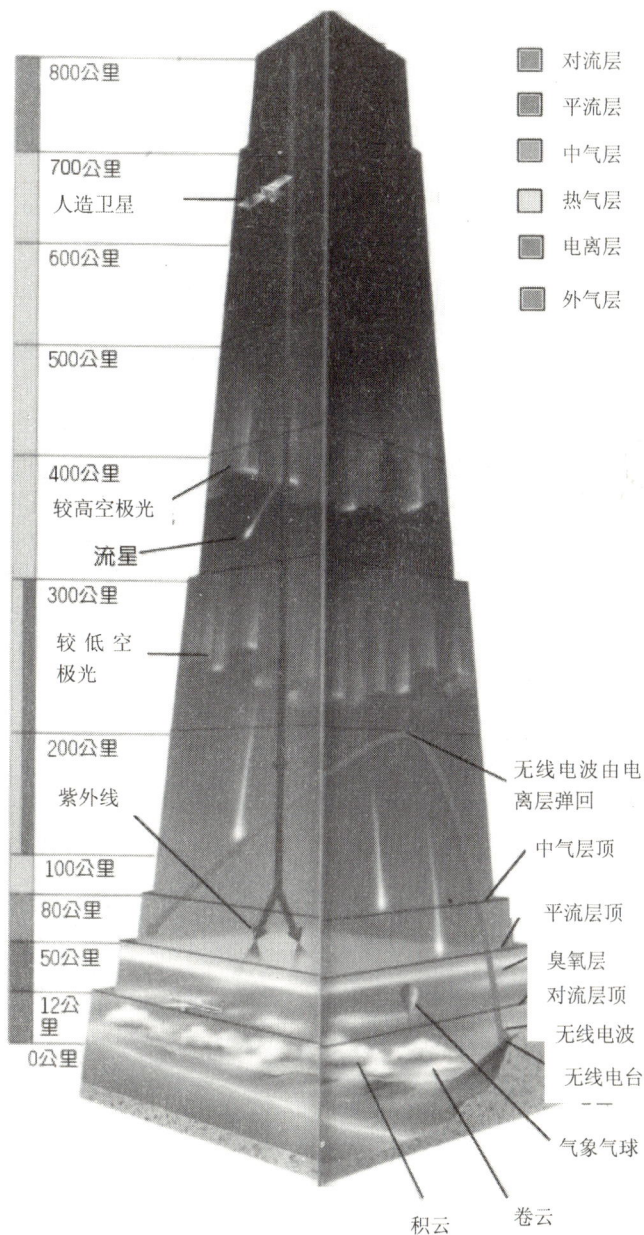

800公里

700公里
人造卫星

600公里

500公里

400公里
较高空极光

流星

300公里
较低空极光

200公里
紫外线

100公里

80公里

50公里

12公里

0公里

对流层
平流层
中气层
热气层
电离层
外气层

无线电波由电离层弹回

中气层顶

平流层顶

臭氧层
对流层顶

无线电波

无线电台

气象气球

积云   卷云

大气层模型

外逸层

外逸层指热层顶以上的高层大气区域，又称外层大气，散逸层。这一区域的气体分子的自由程度很大，大气极为稀薄。

小风铃探究

人类的无线电通信等与大气层息息相关，它是怎样帮助人类运用无线电进行信息传递的呢？

眼镜爷爷来揭秘

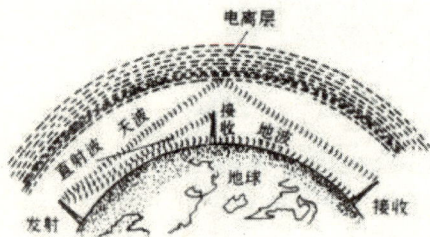

电离层

电离层是地球大气的一个电离区域。由于受地球以外射线特别是太阳辐射对中性原子和空气分子的电离作用，距地表60公里以上的整个地球大气层都处于部分电离或完全电离的状态，电离层是指部分电离的大气区域。

四、多层地球

考考你

你知道地球的形状是怎样的吗？是圆形吗？

地球仪是圆形的

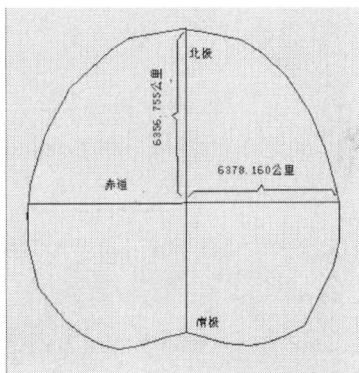

地球实际是一个梨形球体

现在人们对地球的形状已有了一个明确的认识：地球并不是一个正球体，而是一个两极稍扁、赤道略鼓的不规则球体。

我国东汉时期天文学家张衡认为：浑天如鸡卵，地如卵黄，居于内。天表有水，水包地，犹如卵壳裹黄。相对于"天圆地方"，这个想法还是很靠谱的。

地球内部圈层结构

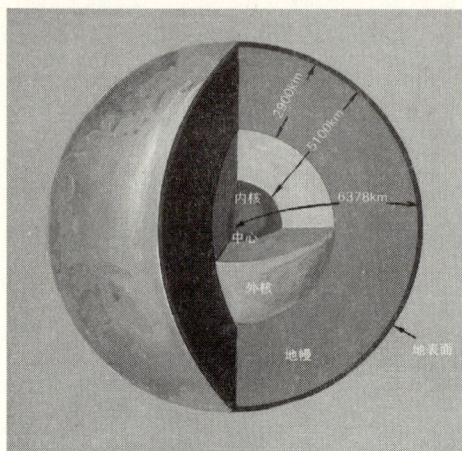

地壳：地球固体地表构造的最外圈层，而且大陆地壳比大洋地壳要厚。

地幔：主要由致密的造岩物质构成，这是地球内部体积最大、质量最大的一层。上地幔顶部有软流层，岩石处于高温熔融状态，据推测它是岩浆可能的发源地之一。

地核：地球的核心部分，处于高压、高温环境，一般认为外核是缓慢流动的液体，内核则可能是固态的。

地球的内部圈层结构立体图

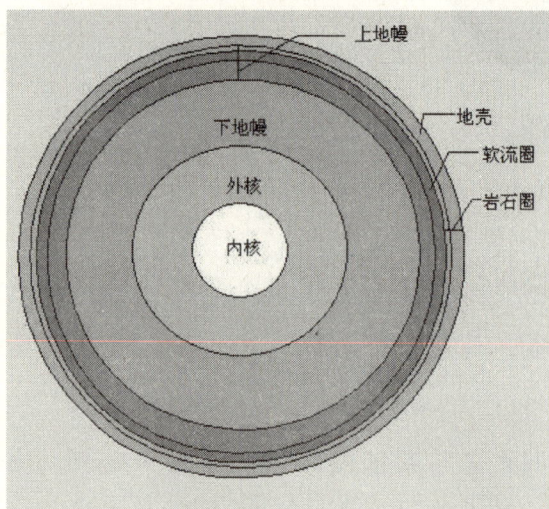

左图为地球内部圈层结构的平面图，可以直观地了解从地心至地球表面圈层的分布情况。

地壳是指地球地表至莫霍界面之间一个主要由火成岩、变质岩和沉积岩构成的薄壳，是岩石圈组成的一部分，平均厚度17公里，地壳下面的是地幔，上地幔大部分由一种比普通岩石密度大很多的岩石——橄榄石构成。地壳和地幔之间的分界线被称为莫霍界面，这条分界线是由地震的速度差确定的。地壳的质量只占全地球的0.2%，按结构分为大陆地壳和海洋地壳两种。大陆地壳有硅酸铝层（花岗岩质）和硅酸镁层（玄武岩质）双层结构，而海洋地壳只有硅酸镁层（玄武岩质）单层结构，大陆地壳平均厚度有33公里，海洋地壳平均厚度只有10公里。

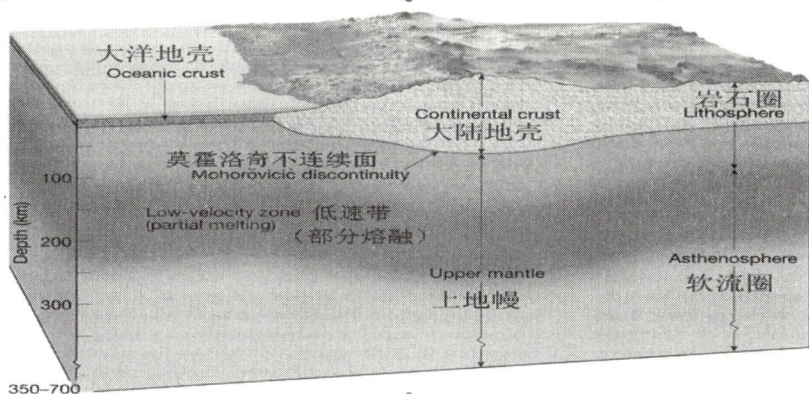

眼镜爷爷来揭秘

地球最厚的地方和地壳最薄的地方

珠穆朗玛峰海拔8844.43米，是世界最高的地方。太平洋西部的马里亚纳海沟深度达到11034米，是世界最深的海沟。也许人们就认为它们分别是地球最厚的地方和地壳最薄的地方，但事实并非如此。

钦博拉索山

　　人们通过人造地球卫星测得：地球最厚地方当属钦博拉索山。该山位于南美洲厄瓜多尔中部安第斯山脉西侧，是一座死火山，海拔约为6310米，由于距离赤道近，顶峰距地心的厚度为6384.10公里。而珠穆朗玛峰距地心的厚度仅为6381.95公里，比钦博拉索山少约2.15公里。所以，从地球厚度上来说，它只好让位于钦博拉索山了。

　　美国科学家通过对地球引力波动的测量发现：距离南美洲圭亚那6600千米的大西洋底部，有一条从北往南的裂缝，地壳厚度仅为1.5公里，是地壳最薄的地方。

地球外圈层结构

　　地球外圈包括大气圈、水圈和生物圈。它们与人类生产、生活密切相关，构成了人类生存的直接环境。

　　最上层圈层就是大气圈，在之前的章节已经介绍过，而最内的岩石圈包括地壳的全部和上地慢的上部，这也是内部圈层的上界。生物圈是地球上生物生存和活动的范

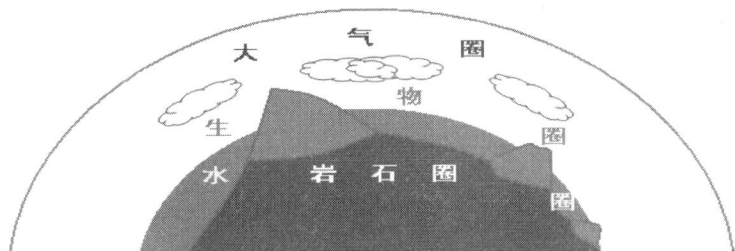

地球的外部圈层

围。大量生物集中在地表和水圈上层。在大气圈10公里的高空、地下3公里的深处和深海底也仍然有生物存在。生物圈的总质量约114800吨。生物的分布很广但不均匀。在阳光、空气和水分充足。温度适宜的地区生物多，反之则少。温湿明亮地区的生物密度比干寒黑暗地区大得多，而且多半是高级生物，它们在地质作用中起着重要作用。

五、运动中的地球

地球自转

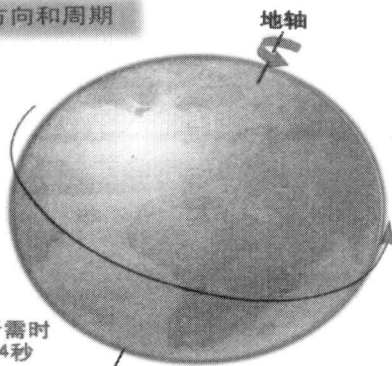

地球自转的方向和周期

地球自转的方向是自西向东

地轴

地球自转一周所需时间为23时56分4秒

地球绕自转轴自西向东的转动，从北极点上空看呈逆时针旋转，从南极点上空看呈顺时针旋转。地球自转一周所花的时间大致就是我们平常说的一天。

露一手

在地球仪上做一个记号,在阴暗的环境下在地球仪一边点上灯,这时地球仪会有一半被照亮,而另一半仍然笼罩在黑暗中。转动地球仪,地球仪上的记号就会从明亮区转到黑暗区,不停地转动,记号就不断地在黑暗与明亮中循环。

太阳就好像灯泡,地球的自转造就了黑夜和白天的更替。我们不停地转动地球仪就好像地球在不停自转,如果关了灯或不再转地球仪,地球仪就会全部或一半笼罩在黑暗中。

智斗赛诸葛

通过这个实验,我们知道了自转带来了昼夜交替,你还能发现自转会带来其他的影响吗?

眼镜爷爷来揭秘

在各种影视小说作品中，你常会看到主角从国外某处回家，然后说"时差调整不过来"，那么"时差"到底是什么呢？

因为不同地区受阳光照射有早有晚，当我们在南昌看到太阳升起时，居住新加坡的人要再过半小时才能看到太阳升起。而远在英国伦敦的居民则还在睡梦中，要再过8小时才能见到太阳呢！世界各地的人们，在生活和工作中如果各自采用当地的时间，对于日常生活、交通等会带来许许多多的不便和困扰。为了解决这个问题，相关组织决定将地球表面按经线从南到北，划成一个个区域，并且规定相邻区域的时间相差1小时。

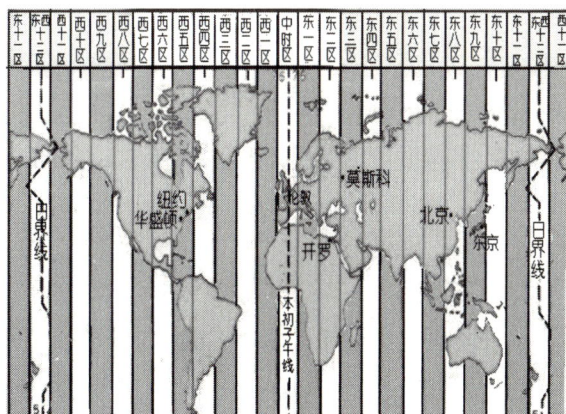

在同一区域内的东端和西端的人看到太阳升起的时间最多相差不过1小时。当人们跨过一个时区，就将自己的时钟校正1小时（以伦敦所在的中时区为基准向西减1小时，向东加1小时，至西向东跨日界线减一天），跨过几个时区就加或减几小时。这样使用起来就很方便。现今全球共分为24个时区。中国幅员宽广，差不多跨5个时区，但为了使用方便简单，实际上只用北京时间为标准时间。

小风铃探究

在地理实践课堂上，老师把全班同学分为两组，要求两组同学分别记录操场上旗杆在早上、中午、傍晚时的影子长度，并画下示意图。两组同学分别画出了三个时刻的影长，但他们的答案并不同，你认为哪一组正确呢？

第一队

早上　　　　　　中午　　　　　　傍晚

第二队

地球公转

地球公转的恒星周期就是恒星年。它是地球公转360°的时间，是地球公转的真正周期。用日的单位表示，地球公转的时间长度就是365.2564日，即365日6小时9分10秒。

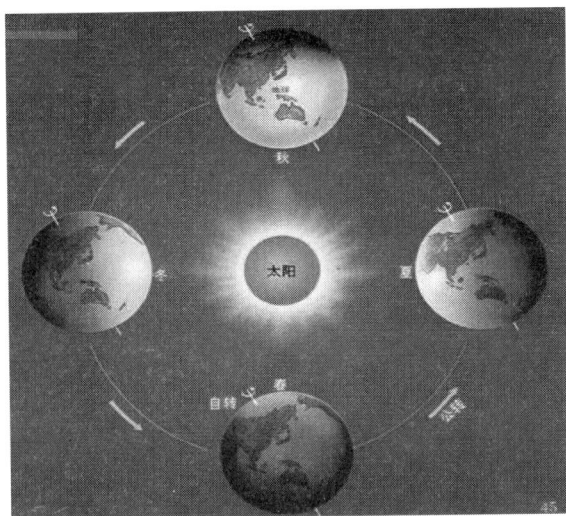

读图可发现：

当北极点朝上时，地球的公转和自转一样是逆时针的；

自转轴与公转平面有斜角，所以地球是"斜着"公转，它站得不是很直哦；

在公转平面相应的地点，地球经历春夏秋冬。

小风铃探究

如果说自转是昼夜更替的主因，那么公转就是春秋交替的主因。

为什么呢？

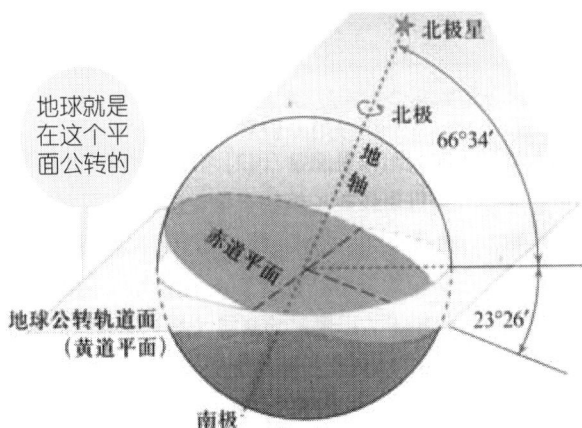

因为地球公转时是倾斜着的，所以地球在公转轨道平面上移动时，与公转轨道平面平行的太阳光就射向不同纬度，因此产生了春夏秋冬。

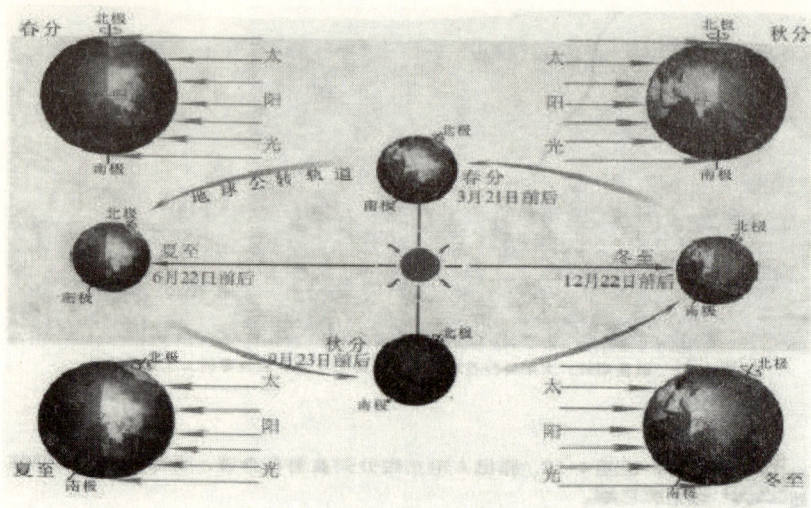

四季变换得益于公转

每年的公历3月21日，太阳在公转面上的位置使太阳光直射地球上的赤道也就是0°纬线，这时我们平常所说的春季就正式开始了，因为此时直射赤道，距南昌所在的北半球有一定的纬度。因此，我们在春季觉得冷热适中。

在6月22日时太阳直射点到了北半球，炎热的夏季就到了。到了9月23日太阳直射点回到赤道，温度就下降了许多。年末的12月22日，太阳直射点来到了南半球，远离了我们北半球，热量的来源就少了许多，这时，北半球的冬季就来了，南半球则迎来炎热的夏季。

小风铃探究

公转也是划分五个温度带的原因，你能说说看你的理解吗？

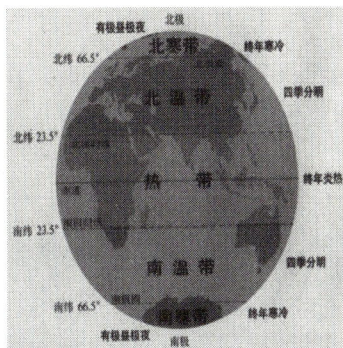

六、月升月落

月球是地球唯一的天然卫星，是被人们研究得最彻底的天体。人类至今第二个亲身到过的天体就是月球。月球的年龄大约有46亿年。月球与地球一样有壳、幔、核等分层结构。

月球在绕地球公转的同时进行自

转，周期为27.32166日，正好是一个恒星月，所以我们看不见月球背面。这种现象我们称为"同步自转"。

月球表面有阴暗的部分和明亮的区域，亮区是高地，暗区是平原或盆地等低陷地带，分别被称为月陆和月海。月球表面几乎布满了环形山，科学家普遍认为是天体撞击形成的。

月盈月缺

月相原理图

月球环绕地球旋转时，地球、月球、太阳之间的相对位置不断地变化。因为月球本身不发光，只有月球直接被太阳照射的部分才能反射太阳光。我们从不同的角度上看到月球被太阳直接照射的部分，这就是月相产生的原理。

月球引力引发潮汐

月球的引力使得海水发生周期性的涨落，因为月亮在围绕地球运转，因此潮汐在规律性地变化。

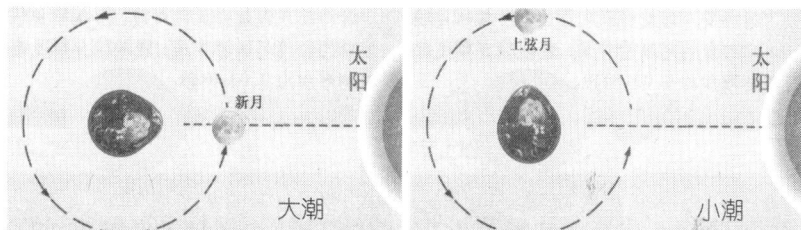

大潮发生时，月球同太阳在一条直线上；小潮时，月球同太阳成直角。

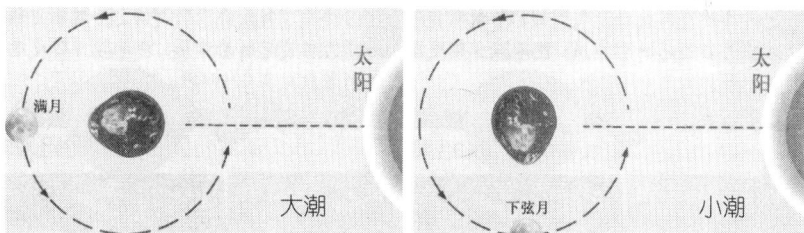

天狗食月的科学原理

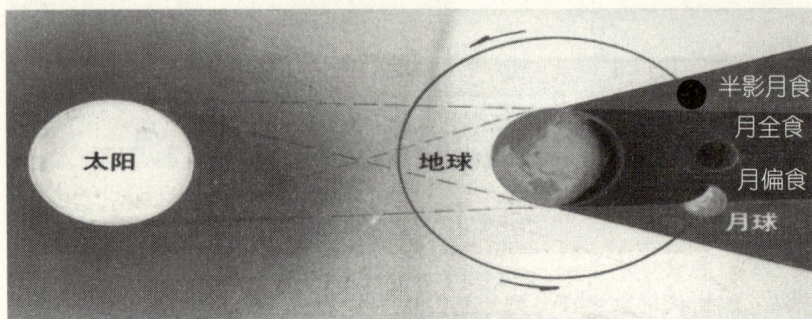

月食与月偏食形成的原理

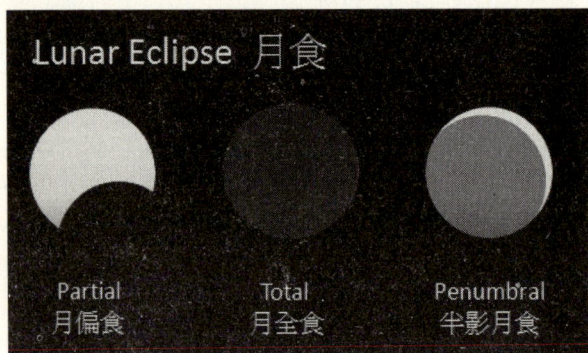

月食是一种特殊的天文现象，指当月球运行至地球的阴影部分时，在月球和地球之间的地区会因为太阳光被地球所遮蔽，就看到月球缺了一块。月食时的太阳、地球、月球恰好在同一条直线上。

七、生命之歌

地球作为宇宙亿万星体中的一个，是如此平凡；而由于生命物质的存在，地球又显得如此特殊。

生机勃勃的地球

小风铃探究

　　按照达尔文的设想，生命是在一个"温暖的小池塘"里萌芽的。在海底热液喷口的周围，集结着大片的微生物，其中不乏代谢活动原始得令人咋舌的品类，但无一不是靠太阳获取能量。那么，海底热液喷口是否就是生命的起点呢？或者说，它只是为生命提供了早期庇护呢？这些都构成了未知的谜团。

眼镜爷爷来揭秘

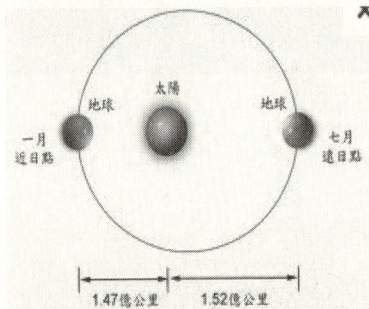

这些图片展示了地球的特殊性——地球之所以存在生命的因素。你能说出每张图片代表了什么因素吗？它为生命的存在提供了哪些条件？

八、保护地球

在人类发展的历史长河中，人类已经经历了多次经济与科技的大飞跃。与此同时，人口膨胀、环境破坏、资源枯竭、气候极端恶劣等一系列问题接踵而至。我们的地球走到了危险的十字路口，我们的生活受到了巨大威胁。选择什么样的未来，选择权在我们每一个人手中。

人类必须对工业文明以来的所作所为进行反思，为了克服一系列环境、经济和社会问题，特别是全球性的环境污染和广泛的生态破坏，我们必须想出应对的有效措施。

干旱问题，水资源不足

过度开采，资源枯竭

极端天气增加

水污染严重

沙尘暴袭击城市

全球变暖，冰川融化

地球面临越来越多的问题，我们必须做些什么来保护我们生活的地球，爱护我们的家园。

第六章　冲出地球

随着人类的不断进步，
我们的视野已经伸向奇妙的宇宙空间，
也许有一天翱翔宇宙的梦想就会实现！

一、探索地外生命

人类从踏出地球的那一刻起就没有放弃寻找地球以外生命的可能，利用航天器直接探测太阳系诸行星是否存在或曾存在过生命是行星探测的一个重要内容。而近年来在我们的星球上也有越来越多的人号称发现了外星生命。

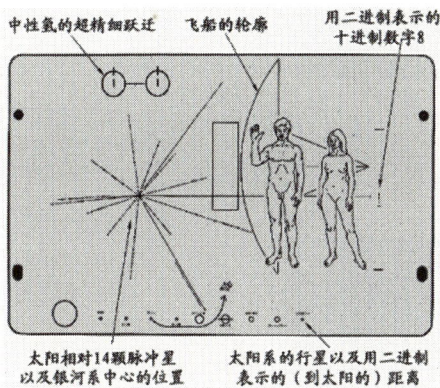

1972年3月2日和1973年4月5日，美国相继发射了"先驱者"太阳系行星10号和11号行星探测器，这对孪生探测器各携带有一张"地球名片"。

智慧卡片

"先驱者号"为了使可能的地外生命了解地球人类的信息，专门请康奈尔大学的行星天文学家、著名科普作家卡尔·萨根，美国国家天文与电离层研究中心主任德里克和艺术家琳达·苏尔兹曼·萨根共同设计了"地球名片"。"名片"由镀金铝板制成，长13.5厘米、宽7.5厘米。特殊的材料和加工工艺可以保证它在星际空间中暴露数亿年而不变形、不变质。

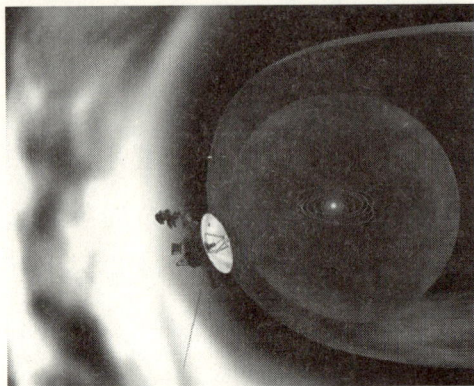

旅行者1号

"旅行者1号"于1977年8月20日发射，它是离地球最远和飞行速度最快的人造飞行器。主要有三大功绩：

造访了木星，对其进行了高解像度拍摄；

造访了土星，发现了土卫六拥有浓密的大气层；

在2011年2月抵达了太阳系边缘的"过渡区"，这个过渡区就是太阳系空间最后的交界处，它将很快进入星际空间。

旅行者2号

"旅行者2号"是1号的姊妹航天器，它的主要功绩有：

拍摄了木星的大红斑，并发现了木卫一的火山活动；

它以雷达对土星的大气层上部进行探测，并量度了气温及密度等资料；

探访天王星及其卫星，推动了天文学家的研究；

拜访了海王星和海卫一。

眼镜爷爷来揭秘

揭秘11张地球名片

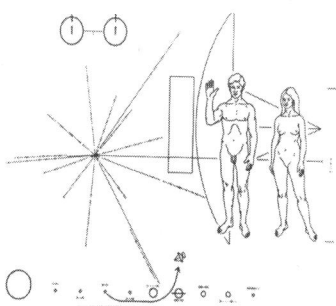

男女裸体图片及地球地址
由"先驱者"发送

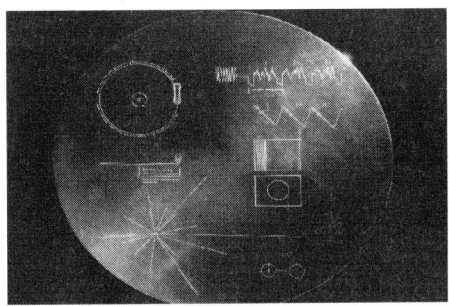

115张图片金属盘、地球自然环境中不同的声音记录，以及55种问候语言。
由"旅行者1号"发送

数学公式由"旅行者"发送

数学基本单位由"旅行者"发送

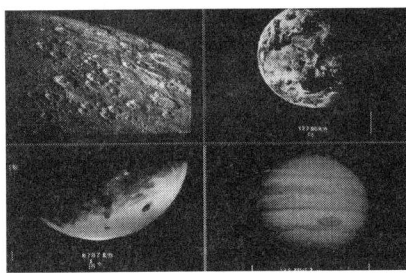

"旅行者号"系列探测器金属盘上记录的水星、地球、木星和火星

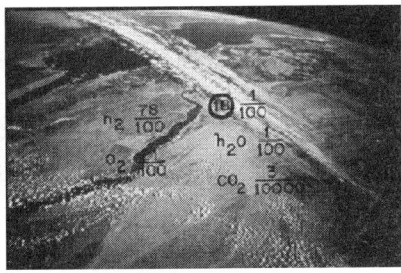

金属盘上记录的地球大气层中最主要的气体组成，以及相应的构成比例

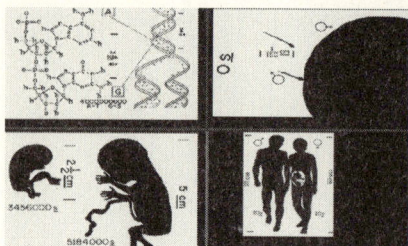

人类繁殖是"旅行者号"系列探测器所传达的焦点图像之一

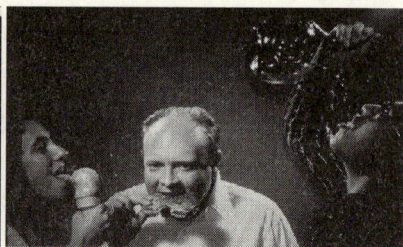

人类日常动作

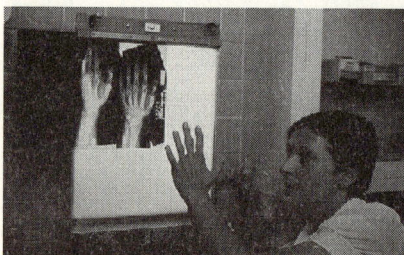

人手X光照片

地球脊椎动物进化历程

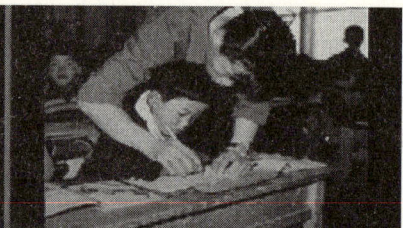

人类文明的多样性

二、大步迈向宇宙

太阳系探索之旅

从1959年开始，人类已经跨过近地空间到月球以至月球以外的深空进行探测活动。各种空间探测器相继考察了月球，拜访了太阳系的水星、金星、火星、木星、土星、天王星、海王星以及"哈雷"彗星等。

"尤利西斯"探测器
1990年由美国发射的太阳探测器。

美国"信使号"水星探测器
距水星最近的探测器，对水星整体进行了研究，最终将坠落水星。

欧洲"金星快车"探测器
为金星上仍有火山活动的观点提供了新证据，并探测了金星大气。

"伽利略号"木星探测器
"伽利略号"绕木星飞行了34圈，获得了有关木星大气层的第一手探测资料，发现了木星地下咸水及木星上剧烈的火山活动。

"卡西尼号"太空探测器
在环绕土星运行的4年中，近距离地纵览土星全貌，对土星和它众多的卫星进行全面考察。

奔月之梦

夜空的明月皎洁而美丽，从古至今人们都想一探究竟，月球到底有何秘密。到如今，月球已经成为我们最熟悉的天体，从发射探测器到人们亲自登上月球都已一一实现。

1969年7月16日，巨大的"土星5号"火箭载着"阿波罗11号"飞船从美国肯尼迪角发射场点火升空，开始了人类首次登月的太空征程。一个人的小小一步，但却是整个人类迈出的伟大一步。他们见证了从地球到月球梦想的实现，这一步跨过了5000年的时光。

中国的宇宙之旅

"神舟五号"是中国载人航天工程发射的第五艘飞船，也是我国发射的第一艘载人航大飞船。杨利伟成为我国登天第一人，它的成功发射与返回标志着中国成为世界上第三个把人送入太空的国家。

神舟五号

"神舟六号"是中国2005年发射的第二艘载人航天飞船，也是中国第一艘执行"多人多天"任务的载人飞船。

神舟六号

"神舟七号"是中国第三个载人航天器，2008年发射。

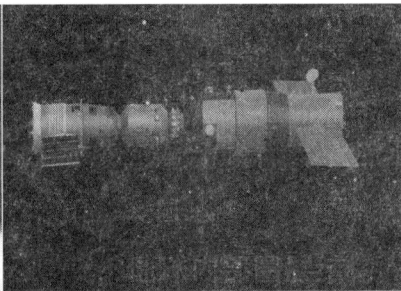

2011年发射"神舟八号"无人飞船执行与"天宫一号"的首次和第二次自动空间交会对接任务。

"神舟九号"载人飞船是中国第四艘载人飞船，在2012年6月18日执行了自动交会对接任务，标志着中国较为熟练地掌握了自动交会对接技术及载人航天技术的进一步成熟。这是中国第一次将女航天员送入太空。

神舟九号

智慧卡片

建立通讯关系
实施自动、手动对接
追踪天宫一号
船器分离
船箭分离
轨道舱和返回舱分离
整流罩分离
返回舱和推进舱分离
返回舱进入大气层
打开主伞
抛逃逸塔
示意图
点火船软着陆
神舟九号发射
成功着陆

神舟九号、天宫一号载人交会对接任务全过程

"天宫一号"是中国首个目标飞行器和空间实验室，2011年11月，"天宫一号"与"神舟八号"飞船成功对接，中国也由此成为世界上第三个自主掌握空间交会对接技术的国家。"天宫一号"在寿命末期，将主动离轨，陨落南太平洋。

图书在版编目（CIP）数据

宇宙星神 / 王雪琳，廖琰洁主编 ；邓春波编. --南昌 ：百花洲文艺出版社，2012.12
（地理大千世界丛书 / 叶滢主编）
ISBN 978-7-5500-0464-1

Ⅰ．①宇… Ⅱ．①王… ②廖… ③邓… Ⅲ．①宇宙－青年读物②宇宙－少年读物 Ⅳ．①P159-49

中国版本图书馆CIP数据核字(2012)第295250号

宇宙星神

策　　划　宝骏建华

主　　编　叶　滢

本册主编　王雪琳　廖琰洁

出 版 人　姚雪雪
责任编辑　余　茳　张　佳
特约编辑　万仁荣
美术编辑　彭　威
制　　作　周璐敏
出版发行　百花洲文艺出版社
社　　址　南昌市阳明路310号
邮　　编　330008
经　　销　全国新华书店
印　　刷　江西千叶彩印有限公司
开　　本　787mm×1092mm　1/16　　印张　11
版　　次　2013年1月第1版第1次印刷
字　　数　120千字
书　　号　ISBN 978-7-5500-0464-1
定　　价　18.70元

邮购联系　0791-86894736
网　　址　http://www.bhzwy.com
图书若有印装错误，影响阅读，可向承印厂联系调换。